资深理财师
教你一生
不缺钱的秘技

【韩】高得诚 著
唐建军 译　金钟 译审

广西科学技术出版社

著作权合同登记号：桂图登字：20-2008-236号

Thirty Golden Years without Financial Worries–Story about Investment

Original Korean edition was published by Dasan Books Co., Ltd.

Simplified Chinese language edition is published by arrangement with Dasan Books Co., Ltd. through Shinwon Agency Co.

图书在版编目（CIP）数据

30年后，你拿什么养活自己 2/（韩）高得诚著；唐建军译. —南宁：广西科学技术出版社，2011.1（2020.3重印）

ISBN 978-7-80763-584-0

Ⅰ. 3… Ⅱ. ①高…②唐… Ⅲ. 财务管理—通俗读物 Ⅳ.TS976.15-49

中国版本图书馆CIP数据核字（2010）第226467号

30 NIAN HOU,NI NA SHENME YANGHUO ZIJI 2
30年后，你拿什么养活自己 2

[韩]高得诚 著　　唐建军 译

责任编辑：张桂宜　　策划编辑：丁胜杰
责任校对：张思雯　　译　　审：金　钟
版式设计：卜翠红　　封面设计：[illegible]设计工作室
责任审读：张桂宜　　责任印制：高定军

出 版 人：卢培钊　　出版发行：广西科学技术出版社
社　　址：广西南宁市东葛路66号　　邮政编码：530023
电　　话：010-58263266-804（北京）　　0771-5845660（南宁）
传　　真：0771-5878485（南宁）
网　　址：http://www.ygxm.cn　　在线阅读：http://www.ygxm.cn

经　　销：全国各地新华书店
印　　刷：唐山富达印务有限公司　　邮政编码：301505
地　　址：唐山市芦台经济开发区农业总公司三社区
开　　本：880 mm × 1240 mm　1/32
字　　数：150千字　　印张：7.5
版　　次：2011年1月第1版
印　　次：2020年3月第27次印刷
书　　号：ISBN 978-7-80763-584-0
定　　价：28.00元

➲ 渣打银行最著名的财富管理师一生的智慧和理财精华

渣打银行最著名的财富管理师一生的智慧和理财精华都在这本书中。原本只有富人才能知晓的理财秘诀作者在这本书中大方呈现，上班族，工薪层也能通过此书获得这些极为珍贵的经验和技巧，我不得不说，看这本书的年轻人，你们太幸运了！

——SUNGDO GL董事长　金尚来

➲ 越早读，你走的弯路会越少

本书不是一本单纯罗列致富方法和秘诀的理财书，它通过5个从20多岁到50岁为止的平凡上班族的经历，为读者逐层讲解不同年龄阶段会遇到的问题及理财战略。我强烈推荐刚步入社会的20来岁年轻人、30多岁的青年才俊，40多岁的一家之主，以及即将退休的50来岁的人，都来读读这本书，越早读，你走的弯路会越少。

——AIG寿险　金成日

➲ 这本书对现代都市人无疑是一剂猛药！醍醐灌顶！

伟大的建筑要从蓝图的设计开始，有了缜密的设计蓝图才能一层一层往上搭建。理财也一样，只有在年轻时选对方向，早日规划人生，才能换来日后安稳富足的生活，但这对于普通上班族来说并非易事。本书除了介绍理财窍门以外，还有想要过上幸福生活所必须了解的信息。它，就是你幸福生活的设计蓝图！

——韩国《中央日报》记者　崔益在

这本书会给你重新开始的勇气

我一口气就读完了这本书，它将令人头疼的经济问题以小说的方式来叙述，阅读的时候，让你兴趣盎然，合卷之后却又深受启发，心中充满力量！我时刻告诫自己不要成为下一个罗富东或宋嘉成，要重新开始，向主人公崔小天学习理财秘技！

——CREDU经理　南基焕

一本能让你将时间当朋友，轻松摆脱金钱烦恼的书

虽然是个人理财类图书，但是全书并没有命令式的语句，而是用小说的写法向读者展示了一幅人生的全景图，极具趣味性和亲和力。按照书中马修教授所教授的方法，将理财道路上的障碍物一一清除，把时间当做朋友，一步一个脚印地朝着目标迈进，我们每个人都能到达一生不缺钱的境界。

——三星火灾经理　金基亨

今日的准备，决定未来的30年

小时候，大人告诉你“努力学习，取得好成绩，上个好大学，你就能找到薪水高、待遇好的工作”。现如今，你毕业了，工作了，每天朝九晚五，力争上游，假日和朋友出游，偶尔锻炼身体，不时约朋友小聚、看电影、Shopping，虽然累点，也算过得有滋有味。那30年后呢？你是否想过自己30年后的生活？牵着老伴的手在希腊爱琴海细数往日情怀，还是窝在小房子中，每天白粥就咸菜？每个人都会慢慢变老，但没有人希望今天的收入比昨天还要少；每个人都希望长寿，但是没有人愿意到老了还晚景凄凉。

你是否计算过未来30年，作为家长的你需要为子女准备多少教育资金、结婚资金？你是否计算过退休之后如果要维持现有的生活水平，你需要多少资金？

假设你现在30岁，计划在55岁退休，终老年龄80岁。目前城市基本生活费和医疗保险支出的最基本消费是1500元/月，暂考虑4%的通货膨胀率，25年后，要维持目前的生活水平，需要4000元/月。25年的退休生活至少需要4000元/月×12月×25年=120万元，如果加上旅游、休闲支出按月消费最基本的1000元计算，还将增加80万元，总共200万元。200万，这只是一个人的费用，夫妻双方费用需求总和保守估计也将超过400万元。

而且，如果您的身体还不错，活到85岁或者90岁都有可能。再加上老年人无法躲避的病痛，未来医疗开支几乎无法预估。这些都可能令我们需要的养老金需求变成五六百万元，甚至更高。

接下来，让我告诉你，你需要在多长的时间里赚够这笔钱，按照上面的假设，假如你是25岁开始工作，那你的工作时间是30年，退休生活时间25年，也就是说，在有工作的30年内，你必须准备好未来25年的生活基金——400万元，这其中，还不包括你买房买车以及子女的教育费用！

25年，400万！我相信这组数据已经足够让你阵脚大乱。其实，你大可不必这么慌张，因为亚洲顶级理财师已经为你想到好对策，助你成功跨越穷人与富人，落魄与殷实的分水岭！

请跟我一起来看这个表格：

每月1000元，30年后换来600万

年龄	年度	每月投资金额（元）	各年度投资本金（元）	每年回报率15%	总金额（元）
31	1	1000	12000	1.15	13800
	2	1000	25800	1.15	29670
	3	1000	41670	1.15	47921
	4	1000	59921	1.15	68909
	5	1000	80909	1.15	93045
40	10	1000	243645	1.15	280191
	11	1000	292191	1.15	336020
	12	1000	348020	1.15	400223
	13	1000	412223	1.15	474056
	14	1000	486056	1.15	558965
	15	1000	570965	1.15	656610
	16	1000	668610	1.15	768901
	17	1000	780901	1.15	898036
	18	1000	910036	1.15	1046542
	19	1000	1058542	1.15	1217323
50	20	1000	1229323	1.15	1413721
	21	1000	1425721	1.15	1639580
	22	1000	1651580	1.15	1899317
	23	1000	1911317	1.15	2189014
	24	1000	2210014	1.15	2541516
55	25	1000	2553516	1.15	2936544
	26	1000	2948544	1.15	3390825
	27	1000	3402825	1.15	3913249
	28	1000	3925249	1.15	4514036
	29	1000	4526036	1.15	5204942
60	30	1000	5216942	1.15	5999483

30岁的你，现在只需每个月投资1000元，30年后，也就是当你60岁时，就可以换来600万！600万，足够你和老伴挽手乐享夕阳人生！

或许你会犯难：30岁，正值而立之年，你需要买房买车，筹备结婚等等，没有办法每个月攒下1000元，推迟10年，从40岁开始行不行？答案是，行，但是你将损失450万！

30岁开始每月1000元，投资30年，收益是600万，你知道40岁开始每月1000元，投资20年，收益是多少吗？1413721元！只是推迟10年，你的收入相差至少450万！

时间，从来不等人，如果你从看到这本书开始，跟随顶级理财师规划你的财富人生，我相信，不用30年，10年后，你就可以从容面对人生，笑傲退休生活！

准备好三大资产，就能一辈子不缺钱

我的《30年后，你拿什么养活自己？》一书，许多人看过后，恨不得重新活一遍，超过100万人开始理财，开始为30年后的生活做准备。一位20多岁的高薪白领女性丢掉了“名牌包包控”的外号；一位30多岁的家长搁置了更换新车的计划，转而为家人购买养老保险；一位年近40的男子悔恨自己没有更早看到这本书……看到读者的这些改变，我深感欣慰，为了更好地指导读者进行规划，于是便有了这本书。

“如果能重返青春，我首先要做的就是为退休生活积攒资金！我现在之所以生活得这么凄惨，就是因为手中没钱。虽然年轻时也常为钱而犯愁，也曾当过‘月光族’，但那时候毕竟每个月都有收入；对于自己的未来尽管也会迷惘、惶恐，但我万万没想到日后竟会落到这步田地。现在收入没有了，身体也不如以前了，日常开销却天天有。一想起来我的心就像刀割一样疼！”

一位痴痴仰望天空的老人像是在发表人生战败宣言一样对我说出了这番振聋发聩的感慨。在他年轻时物价也上涨得十分厉害，经济同样不景气，很多时候他也会为自己微薄的收入如何去应对充满未知数的未来而焦虑不已，但那时还存有一线希望，那便是自己还年轻，还有资本。然而步入退休后，他发现经济问题的严重性要远远超过自己年轻时的想象，手中没有积蓄和没有积蓄却要花钱的事实让他陷入两难境地。虽然钱解决不了所有问题，但是我们也必须承认这样一个事实，那就是整日为钱发愁的老人肯定不会幸福。

“问题到底出在哪儿？”“我这辈子都在为钱犯愁，没想到退休后还得面对同样的问题！”

我们一生都要和钱打交道，并且不可避免地会为之烦恼，那么有没有一种方法能使自己摆脱这种烦恼，或者至少退休后该安享天年的时候能不用再为钱操心呢？出于这个目的我决定动笔写这本书，为了让我的描述更贴近真实生活，我用了两年的时间细心观察了我周围经常见到的不同年龄段的5位代表，同时为了找出一个可以让退休后生活衣食无忧的可行性办法，并且让这个办法更具有可操作性，我试着从他们的视角来观察和思考。这5个人是总是用多张信用卡拆东墙补西墙，人生就是在不停救火的崔小天；天生的宿命论，总是将所有问题都怪罪于命运的吴俊飞；供职于国企，得过且过的罗富东；信奉享乐主义，宁愿负债也要住大房、开好车的宋嘉成；将投资当赌博，总想一夜暴富的陶志海。

环顾四周，大部分人所拥有的资产就是一套住宅，一辆车，并且这套住宅一般来说还是向银行贷款购买的。人们常说家人身体健康、幸福平安就是自己最大的福气，但事实是，摆在眼前的除了五花八门的各类账单、超额的子女教育费用，还有每月的房贷、车贷。光这些就够令人心烦了，加上银行利息时涨时落，增加了财务规划的难度，于是乎许多人便开始放任自流，花起钱来毫无顾虑，理财既没有目的性也没有持续性。随着时间流逝，我们中的大部分人就在懵懵懂懂中毫无准备地迎来了自己的退休生活。

为了使普通人对于感觉遥不可及的退休生活有个清晰的认识，我之前写了《30年后，你拿什么养活自己？》一书，许多人在看过后，恨不得重新活一遍，超过100万人在读完后开始理财，开始为30年后的生活做准备。一位20多岁的高薪白领女性丢掉了“名牌包包控”的外号；一位30多岁的家长搁置了更换新车的计划，转而为家人购买养老保险；一位年近40的男子悔恨自己没有更早看到这本书；一位60岁出头的退休男性说自己要让子女赶快阅读此书……看到读者的这些改变，这些感受，我深感欣慰。对于那些下决心着手准备的人，我为他们的快速反应高兴，并为他们的勇气鼓掌。真诚地希望我周边的每个人对于退休生活都有一个明确的目标，并且持之以恒地为此而努力。

作为颇受好评的《30年后，你拿什么养活自己？》的姊妹篇，这本书似乎有些姗姗来迟，我希望这本书同样能给读者带来触动，带来捷径，为你们未来的美满生活添砖加瓦！那些曾对我提出宝贵意见并给予鼓励的读者如果能再次认可我所做的努力，我将感到无比的荣幸。本书的内容并非完全脱离前作，书中更为明确地阐述了有关退休生活的准备问题，如果说前作是向人们展示退休生活的现实性、急迫性以及为退休生活做准备的必要性和谨慎性的话，那么本书所讲述的则是如何为应对退休生活做好财务上的准备，以及这种准备如何与实际生活相结合，可以说这本书其实是前作的一个实战版。

在此我要向对该书的创作过程给予帮助的人们表示感谢。首先要感谢的是参加了几十次读者见面会并决心做好退休准备的读者们。感谢前作的共同执笔人郑成镇和崔秉熙先生，他们依旧毫无保留地提出了很多有价值的意见。还有在SC第一银行负责个人业务的郑大龙常务和职员们、每一位银行客户以及在该书的创作过程中一直给予协助的DASAN BOOKS的工作朋友们，感谢你们给予我的大力支持。当然，还要感谢默默地给我最大动力的我的家人，若没有妻子贤淑和两个儿子的全力支持，我不可能坚持每天坐在电脑前创作。

理财的最高境界是实现财务自由，一辈子不缺钱花，即在需要用钱时随时都能拿出钱来。这种财务自由的境界也是退休生活应该有的状态，只有这样才能应对退休生活可能会遇到的一切危机。要知道，年轻时不经意间花出去的1000元如果放在退休后，将会被赋予不同寻常的力量和意义！就像蚂蚁要为过冬储备食物一样，现在的你务必准备好保障资产、退休资产和投资资产这三大资产。希望我们每个人都能通过自己在年轻时的辛勤劳动，让自己的后半生幸福美满。

| Chapter 3 | 专家教你认清现实，各个击破

|Chapter 4|富足生活最大的敌人——延误时机

|Chapter 5|让投资收益翻倍的理财策略

本书人物背景

|崔小天|

在一家大型私企任职，30多岁。生长于一个经济不太宽裕的家庭，对钱抱有错误的观念，年薪虽不算少，但是三分之二的房款都是通过银行借贷的，房贷和信用卡欠款使得他每月的收入所剩无几，虽然他已经开始为退休生活而担忧了，但由于不知道具体的方法，心情十分郁闷。

|罗富东|

在国有企业任职，年过五旬。期待着某一天继承父亲的事业，所以并不担心自己的退休生活。此外，由于他工作的单位是家国有企业，他坚信自己手里捧着的是摔不破的铁饭碗。妻子过分热衷于对孩子的教育投资，自己也认同投资子女便是投资未来这一观点，课外教育在家庭支出中占很大比重。对于退休生活持乐观态度，属于稳坐钓鱼台类型。

|宋嘉成|

在外企任职，年过四旬。生活的价值观是“充分地享受生活的每一天”，将希望全部寄托在房价的上涨上，因此刷起卡来毫不含糊。虽然妻子也在大公司上班，自己也拿着高额年薪，但却认为购买保险纯属浪费，对于个人的健康问题盲目自信。

吴俊飞

和崔小天是同事，是一家冲浪俱乐部的会员。一位认为万事皆由天注定的宿命论者，对于理财和防老问题全然不放在心上，由于住房是公司提供的，他甚至没有储备住房资金，花销基本控制在工资以内，余下的部分全部用在全家的户外旅行上。

陶志海

年纪轻轻就颇受单位领导赏识，将高额年薪拿来投资股市的30岁出头的职场人士。钱挣得越多，欲望就越发强烈。由于股票投资“高风险高回报”，虽然遭受过几次损失，但是仍未改变对股票的迷恋。他看不上那些稳定的长线投资，然而以零星股交易为主的投资以及子虚乌有的股价操控内部消息让他吃了不少苦头，是一位不折不扣的“机会主义者”。

马修教授

身为GBE(Getting to the Beautiful Excellence)咨询公司亚洲区总裁，他指出了崔小天对待金钱的一些错误观念和偏执之处，告诫他要想通过理财来保证自己的收入，就必须拥有正确的消费习惯，并要遵循一定的投资原则，这对崔小天重新规划人生目标具有很大帮助。

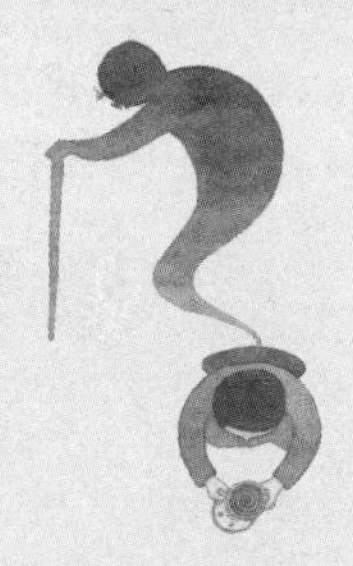

8点55分，电梯里

早晨8点，正在等地铁的崔小天开始后悔起来，由于自己在被窝里磨蹭的时间太长，地铁里早已人满为患，俨然已经成了“地狱站”，他必须把自己的身躯挤进这座“地狱站”里，看来把车钥匙给去参加同学聚会的妻子是个多么错误的决定。深呼一口气，他悲壮地钻进人群的缝隙，抱怨的哀嚎声、扭曲的脸庞、僵硬的身躯将他团团围住，很难想象这是美好一天的开始。看来尽管油价涨上了天，崔小天依然坚持开车上班也是被逼无奈，情有可原的。

气喘吁吁地跑进公司大厅，时间刚好8点55分，还有5分钟上班。次次如此，即便是提前出发，到达的时间还是一样，恐怕这种现象连哲学家康德都无法解释，崔小天无可奈何地笑了笑，不管怎样没迟到就好。崔小天紧绷的神经终于松弛下来，一边等电梯一边随意整理一下自己的衣服。

“哎哟，崔经理，今天又是提前5分钟到，我们这些总是提前5分钟在电梯里相遇的人是不是应该搞一次聚会啊！”

当初同时进入公司的沈晓男经理开了句玩笑，他也是在这个时间出现在大厅里的熟面孔，崔小天笑了一下，其他等电梯的人也都会心一笑。

和同事们简单打过招呼后，崔小天一入座就赶紧打开了HTS网络下单系统，要是不首先确认自己所投资的几只股票的价格，一天的业务似乎都很难进展下去。实际上在上班的路上他一直惦记着的就是今天的股市行情。

仔细一瞧大盘，咦，这是怎么回事？整个大盘都在下跌，只有自己的股票还保持迅猛上涨势头，这样下去的话，今天上午就有可能涨停，崔小天的脸上露出了笑容，紧耸的双肩放松下来。

“和我预想的一样，将15万（注：书中所有金额皆已换算成人民币）的贷款全部投入真是太明智了，男人做事还真不能太犹豫，该出手时就要出手！”

有了这个好消息，崔小天的心情异常舒畅，哼着小曲准备去咖啡间喝上一杯咖啡，张明镜总监迎面走来。

“张总监，周末过得好吗？”

崔小天大声地向对方打招呼。

“崔经理，你家里有什么喜事吗？今天气色不错哦，上周你可一直闷闷不乐的。”

“哈哈哈，是吗？倒是有一桩好事……有时间再跟您说，今天午饭我请了，嗨，这样吧，今天我们部门的午饭我全包了。”

“哟！崔经理，您发大财了！”

崔小天的话音刚落，部门员工立即欢呼起来，纷纷凑到他身边。

“呵呵，有人请客当然是好事，可是你心情好也请客，女儿上了幼儿园也请客，这样下去你怎么能存到钱？今天的午饭就当是你请的，你就别破费了。”

张总监的一席话让员工们十分扫兴，大家又回到各自座位上。

“嗨，总监您这是干什么呀？我是自愿的，您不能让我按照您的想法活啊，这样搞得大家都不开心……整天省吃俭用，10年后充其量买个老爷车，哪天才能成为富人啊？”

崔小天望着张总监，小声嘟囔道。

“不对啊，总监您可是个大富翁啊？除了房子车子，光现金就超过300万吧。”

坐在一旁的崔副主任对着崔小天眨了眨眼，悄悄说道：

“就是，他有个好父母，将来财产不都是他的，那么有钱也不换辆新车，老是一副寒酸样。”

在职场摸爬滚打了10来年，崔小天是一天比一天郁闷，偶尔听到有谁在股市里大捞一笔或因房价飙升而一夜暴富的消息后，一整天心情都很难平复，根本再无心工作。每月为了2万块薪水忙忙碌碌，在他的眼中这样的生活太过寒酸，因此他选择了投资股票，刚开始他还能遵循“购买蓝筹股，保持平常心”的价值投资原则，但是经过几次买卖交易后，只要所持股票开始上涨，他便选择逐步加仓，现在干脆连工作时间也埋头研究自己的股票。

“要是到收盘时也没有大的波动，光这个月我就能挣1万块，早就应该投资股票，在公司的这10年时间全被白白浪费了，只要今后在这方面多用点心，就算靠它发不了大财，至少也能发笔小财吧，唉，真搞不懂之前是怎么想的！”

崔小天收拾东西开始准备下班，走出公司大门他来到附近的一家大型书店。不理会书店里琳琅满目的各种书籍，他不假思索地走向理财类图书陈列架，稍微浏览了一遍之后，他感到十分郁闷，满满一书架的书，竟没有一本书的内容与他目前的经济状况相符，他一边随手翻阅图书，一边陷入了思考：

“上学时还老觉得自己运气不错，坚信日后一切都将十分顺利，摸爬滚打了这么些年，曾经的雄心壮志早没有了，像我这样既没钱又没有背景的人，一辈子都在给别人打工，累得半死到头来还会被人提前辞退。只有先有钱，才能赚到钱！我要赶紧去挖掘我人生的第一桶金，如果每次都像这次股票投资一样，估计成功离我也就不远了。正好明天休假，好好在家研究一下股票。”

收获了两本股票方面的书，崔小天从书店出来，走进回家的地铁。地铁不是一般的喧哗，但再喧哗，都阻挡不了他为自己的构想而激动。

“没错，就这么决定了，就这样干！”

现在当机立断做出决定是为今后的退休生活所迈出的重要一步，现在不能果断地做出决定就相当于做出了继续维持现状的决定。

Chapter 1
梦想与现实，距离有多远

买进卖出，大有学问

“嗨，快起来了，孩子们都起床穿好衣服了，一听说今天要去游乐场，孩子们甭提多高兴了。”

妻子晃了晃还躺在床上的崔小天，随后便抱怨起来：

“说好要带孩子们去游乐场玩，怎么还熬夜看书呢？”

昨晚崔小天一直在看买来的书，直到凌晨3点才入睡，早上刚过8点妻子就在耳边唠叨起来。

“我说，我这么辛苦都是为了谁？”

正想说休息日不就是用来休息的吗，但转念一想，要是这么反驳必然又会招来妻子无休止的啰嗦。

“爸爸，快起床吧。”

刚上幼儿园的智恩张开双臂朝自己扑来，崔小天再也没有赖在床上的理由了。揉揉眼睛往外一看，年满三岁的儿子俊理也已经穿戴整齐了，一看见爸爸起床了就高兴得直拍手，崔小天抱起智恩和俊理，暗自下定决心：

“好吧，就算再累我也要坚持，为了我可爱的孩子们。”

和孩子们吃过早餐后，妻子开始为这次出游做准备，利用这段空闲时间，崔小天来到书房打开电脑，9点钟刚过，股市已经开盘了，要是按照昨天的走势，今天海星生物肯定会涨停。

“截止到昨天，这个月的累计账面利润已有1万。今天再往涨停上限冲一冲吧，这样我就能带着孩子们玩得更尽兴。”

怎么回事？显示器上所显示的数值与他的期待完全不同，股市开盘走势强劲，但是他的股票却逼近了跌停下限。

“咦，这是怎么了？到底发生了什么事？为什么唯独我的股票在跌？”

他赶紧搜索相关消息，握着鼠标的手开始颤抖起来。

海星生物因第三季度业绩急剧下滑将有可能跌停。

崔小天急忙给在证券公司工作的前辈打电话。

“前辈，这是怎么一回事？有传闻说海星生物第三季度业绩不好，这消息可靠吗？”

“喂，你先别急，我也刚看到这篇报道，还需要时间搞清楚这到底是怎么回事，你先等等。”

“我怎么能不急？现在是不是该抛了？前辈你经常强调要敢于割肉，是抛呢，还是再观望？”

“我过一会再给你打电话，今天股市暴涨，有不少客户打电话过来，你别太担心了。”

“不是，前辈！”

嘟嘟……

急得不行的崔小天正要接着往下说，不料电话那头传来了“嘟嘟”声。

由于没有得到确切答案，他的心里更慌了。打电话的同时视线始终未敢从电脑显示器上离开，股价在逼近跌停下限时稍微反弹了一下，损失停在12%上，真是万幸，但是不安的情绪仍然笼罩着他。

“这到底算什么？是大举反弹的征兆，还是瞬间技术性反弹呢？”

显示器的一角正不断地显示着交易情况，正举棋不定时，他突然想起昨晚熬夜苦读的书中有这么一个观点：

买卖必须把握时机！

“对，买卖要把握时机，如果在这种技术性反弹阶段没能卖出，恐怕等它跌停了，连出手的机会都没有，先躲过这场风暴再说，现在就抛！”

崔小天将自己所持有的海星生物股票全部以当前价格抛售，这么算下来总共有1万元的亏损，昨天还是1万元的利润，到今天却变成1万元的亏损，虽然心如刀绞，但是也只能拿没有遭受更大损失来安慰自己了。

无比郁闷的崔小天想喝口凉水提提神，但是当他端着水杯重新走进书房时，他惊呆了，简直不敢相信自己的眼睛，海星生物股票不仅"收复了失地"，而且还稍高于昨日的股价，HTS网络下单系统底部的滚动新闻中滚出这么一条消息：

海星生物第三季度尽管业绩不如预期，

但由于供不应求，股价还将持续增长。

真是一念天堂一念地狱啊，此刻的崔小天就置身于地狱中！现在已经无法再挽回之前的损失了，崔小天四肢无力，两腿发软，双手撑在桌面上，后悔自己怎么就没多忍耐一会儿，一想到不到10分钟的时间一个月收入全打了水漂，脑袋顿时嗡地响起来了。

这时妻子打开房门走进来。

"嗨，你不穿衣服在这干什么呢？我们都准备好了，你也抓紧时间。”

“噢，知道了。”

崔小天条件反射地回答道，但是身子仍一动不动。

“对了，昨天收到了TC卡的对账单，难道你又申请了信用卡？”

真是屋漏偏逢连夜雨，背着妻子办的信用卡此时又来了对账单，崔小天赶忙接过妻子递来的对账单，搬出朋友当挡箭牌。

“嗯，这个吗……你认不认识我的朋友小伟？那家伙在银行工作，为了业绩老找我办信用卡，最后实在推辞不了，只好办了一张。”

乔迁新居，重新购置家具、家电，贷款和原来的信用卡透支额都已达到了上限，他只好又申请了一张信用卡，拆东墙补西墙。他赶紧撕开信封，查看起对账单。

一次性支出额 1500元

分期付款额7500元

现金透支额 17500元

望着对账单上方的还款总额，崔小天不由得倒吸一口凉气，赶紧仔细查看对账单里的明细。

“现金透支是为了偿还第一张信用卡的欠款，一次性支出是上次和部长一起打高尔夫时花掉的，分期付款是怎么回事呢？”

他从抽屉里拿出第一张信用卡的对账单，开始相互比较起来。这时，手机发出“叮咚”一声。

您的住房担保贷款利息已经超过最后还款期限，按规定，将征收18%的滞纳金，请您谅解。现代银行

崔小天完全陷入恐慌，电脑显示器上的股票交易余额，左手的信用卡对账单，右手的手机短信，他觉得自己正一步步坠往地狱，头晕目眩，双手也像是被铁锁牢牢捆住，动弹不得……

“嗨，快出来呀，孩子们都等着呢。”

一边说，妻子一边打开房门走进来，而此时他根本听不进妻子说的话了。

“哎呀，你怎么搞的？直冒虚汗，刚才我进来时就看你脸色不好，哪里不舒服啊？”

“老婆，对不起，今天我想休息一下，浑身难受得很，你带孩子们去玩吧，成吗？”

崔小天用绵软无力的嗓音挤出了这么几句，随后便闭上了眼睛……

一个存折 vs 多个存折

不知过了多久，窗外射入的阳光晃得崔小天不得不睁开双眼，他喝了口水，深呼一口气。

“老是这么东拼西凑的也不是个办法，必须得想个对策，先把情况搞清楚再说，现在距发工资还有多少天？”

看了一眼日历，崔小天再一次被击倒了，即便是等工资到手也无法解决眼前的难题。

“薪水2万，扣除税金和保险后，只剩下16500元，唉，这可叫我拿什么还信用卡啊？”

如同打翻了五味瓶，各种滋味涌向崔小天的心头。本来打算休假一天带孩子们出去玩，好好履行一下当父亲的责任，没想到却被钱搞得如此狼狈。

“就算发了薪水也解决不了任何问题，看来只能动用储蓄式基金（类似于我国的基金定投）了。”

之前在一个在银行工作的朋友的劝告下他投资了月缴1000元的储蓄式基金，银行工作人员对他说，从现在起就该为退休生活做准备，由于准备时间长达30年，即使存入的金额较小，等退休后也足够用了，当时他还感觉这是银行放贷给自己后又再向自己推销的一种金融配套产品，心里很不情愿，但现在看来，这还真帮了他大忙。他重新坐在书桌前，登录网上银行查看。

尊敬的客户，你缴纳的是每月1000元的储蓄式基金，投资时间为24个月，您当前的基金额度如下：总投资额24000元，基金总额29100元，账面利润5100元，此期间累计年平均收益率约为21%。

看到这里，崔小天惊讶万分，自己出于无奈购买的基金产品竟然给自己带来了5000多元的利润。

“不能就这样坐着等死，得赶紧把基金的钱都抽出来，说不定哪天股市就暴跌了，把基金这些钱拿出来还能一解燃眉之急……”

崔小天立即翻找起存折和印章，准备去趟银行。

银行里早已人满为患，今天正好赶上银行当月结算的最后一天，银行大厅内都是手持号码等待办理业务的人。

“排在我前面有34人，就算走掉14人也还有20人，唉，至少还得等一个小时左右。”

情绪本就很糟糕的崔小天又渐生怒气，他无法理解银行挣了这么多钱却为何让客户等得如此辛苦，为了赎回基金竟然要等一个小时！好不容易休假一天，结果从早上开始就传出坏消息，之后就诸事不顺。心情急躁的崔小天开始左顾右盼，他发现空调旁有一条铺着红地毯的通道，通道尽头三两个没拿号码的人从房间里进进出出，只见房门上挂着“VIP客户接待室”的门牌，旁边一间房的门上写着“银行保管箱”，从接待室里出来的人大部分都进入了这个房间。

“看来这地方是为有钱人准备的，不管什么地方，只要有了钱就会有笑脸相迎，我什么时候能走进那个地方啊？”

看着往来于红地毯上的人，他的内心十分苦涩，但又对他们抱有几分不屑。就在此时，一位样貌十分熟悉的男子在银行行长毕恭毕敬的陪伴下走出了VIP接待室。

“那家伙看起来挺年轻的，怎么会这么有钱呢，肯定是富二代。什么？那不是陈文华吗，他怎么从那里出来了？”

陈文华是崔小天的大学同学，两人在大学时代关系堪比亲兄弟，但是毕业后，陈文华选择到外地工作后，两人便失去了联系。一见陈文华，崔小天高兴地喊道：

“喂，陈文华。”

陈文华扭过头环顾四周，发现了坐在等候席的崔小天，赶紧走过来。

“小天！好久不见！没想到我们会在这里见面。”

陈文华朝崔小天就是一拳，十分高兴。

“是啊，你到外地后咱俩就再没联系了，时间太长了，你过得怎么样？”

崔小天虽然很好奇陈文华为什么从VIP室里出来，但还是捺住性子先从客套话说起。

“我嘛，好好活着呗，哈哈，都三十好几的人了，时间过得真快啊，为了照顾家庭连见老朋友的时间都没有。”

“你怎么有这么多存折？你该不会在这家银行上班？”

崔小天禁不住好奇心的驱使，指着陈文华手中的存折问道。

“哈哈，在银行上班？不是，我是有事过来的，存折太多了，保管起来比较麻烦，所以就来银行租借一个保管箱。崔小天啊，你稍等一下，我把存折存进后马上出来。”

看着陈文华手捧着厚厚一摞存折朝银行金库走去的潇洒背影，崔小天感到脸上火辣辣的，自己一大早为了不因拖欠信用卡欠款和贷款而罚钱，翻出基金账户存折跑到银行，与对方简直相差了十万八千里。当时大学毕业后到外地工作的文华还十分羡慕进入大公司的我，然而不到10年的时间却让人产生恍如隔世的感觉。

在等待陈文华的同时，等待办理业务的队伍终于轮到崔小天了，崔小天告诉银行职员要赎回基金，在银行职员专注地敲击电脑键盘办理业务的时候，他小声地询问对方使用VIP客户接待室和银行保管箱需要什么条件，得到的回答是银行存款额要在50万元以上。

“这么说文华已经有50万元的资产了？这家伙，看来混得不错嘛……”

文华出来后两人走进一家咖啡店，聊了起来。

“怎么今天你不上班么？”

“噢，今天我休假，准备和孩子们出去玩玩，再学习学习炒股技巧。”

和陈文华交谈中只要一提及钱，崔小天都会极力转移话题，但是自己还是在无意中提到了“股票”。

“股票？在学校我就知道你能力很强，决不会满足于只干一件事情，现在你工作也干，股票也炒，可真够你忙活的。”

和预想的一样，陈文华没有放过“股票”这个字眼。

“哪有什么能力？谁都不是这么活着的吗？铁打的汉子也得吃饱肚子啊。文华你好像日子过得不错啊，今天你拿了这么多存折，还租借了银行保管箱，看样子钱没少挣啊。”

在好长时间没见面的陈文华面前崔小天是窘态毕露，尽管自尊心受到了伤害，但他还是不习惯用假话来进行掩饰。

“钱没少挣？是吗？我觉得还差得远呢。”

陈文华挠了挠头，停住不说了。

“这是什么话？我知道能租借银行保管箱的客户存款额都在50万元以上。嗨，不谈这个了，你赚钱有什么秘诀呀，说给我听听呗。”

崔小天带着半羞愧半期待的心情向陈文华问道。

“你还记不记得我们上学的时候有门课程叫财务规划？最后一个学期上的。”

崔小天忍住羞愧向陈文华讨教赚钱的秘诀，他却无厘头地抛出了大学财务规划课的话题，这让他十分不开心。

“记得，别提了，我记得这门课没上多久我就和授课老师吵了一架，之后便经常旷课，毕业时只得了‘D’。”

尽管距今已有10年，崔小天却历历在目。

“没错，由于那是最后一个学期，你总共也没听几节课，我倒是非常喜欢这门课，一节不落全部认真听了，最后的成绩是‘A+’。”

“是吗？我当时已经决定在那个学期就参加工作，所以也没怎么在意学分……你干吗突然提这个？”

“实际上并没有什么秘诀，只不过是在工作后我将那时学到的知识用在了实际当中。”

“不可能吧，用财务规划课上学到的东西就能让你变成现在这样？嗨，别扯了，赶紧告诉我秘诀。”

崔小天的目光透露出错愕的情绪，继续向陈文华追问道。

“哪里有什么特别的秘诀？不过是在上课时跟随老师的思路，碰到有疑问的地方就去问马修教授。”

一听见马修教授，他的面容立即浮现在崔小天的脑海中。

“马修教授当时是客座教授，只在我们学校开了一个学期的课，之后便回美国了。”

“对，没错，我在外地工作的时候，一有空就会通过电子邮件与远在美国的教授进行交流，由于一直保持着联系，每当我拿不定主意时，我就会请教授帮我出主意。”

“哦……”

看来从陈文华那里是问不出什么秘诀了，崔小天情绪十分低落，他回想起自己的大学时代。

在最后一学期修学分时，他和陈文华都选择了财务规划这门课，被誉为“业界翘楚”的马修教授时任一家跨国金融公司的韩国分公司总经理，受学校委托开了一个学期的课，主要是面对毕业班的学生。由于马修教授的名气大，崔小天也怀着好奇心递交了听课申请。当时政府为了摆脱亚洲金融危机，在国有企业私有化的转变过程中允许国外资本的介入，这使得国内一些发展前景良好的银行和政府投资机构直接被国外资本控制，崔小天听了没多长时间的课，便在课堂上向马修教授提出了这个问题，崔小天认为随着投机资本逐步占据国内金融市场，这会加重人们对国家财富流失的担忧，马修教授则以全球化理论和资本市场的冷酷性予以反击，双方展开了激烈辩论，最终谁也未能说服谁，之后崔小天为了准备就业就没怎么重视这门课，草草提交了报告，期末考试这门课勉强及格，得了“D”的学分。

“崔小天，你知道马修教授不久前又来韩国了吗？”

“是吗？我不知道，事实上和我也没啥关系。”

“他现在是GBE资讯公司的亚洲区总裁，有时间咱们一起去拜访他一下吧。”

“你一直和他保持着联系？我毕业后可一次也没和他联系过，哪好意思再去见他。再加上他教的课我几乎全逃掉，还在课堂上和他顶嘴，哎哟，还是算了吧。”

崔小天直摆手。

“别这么说，教授也很想见见你，那次你和他之间的辩论给他留下了很深的印象，教授在给我的电子邮件中有时还会提到你呢。”

“是吗？”

听到马修教授还惦记着自己，崔小天既惊又喜。

“当然是真的，下次有机会我安排你俩见一面。”

回到家里的崔小天仍满脸愁云，从早上起就被钱搞得焦头烂额，在银行遇见陈文华之后，更加觉得自己的人生可悲。即使还了汽车贷款，也还有信用卡对账单和房贷等着呢，而自己也没有更多的钱拿来储蓄了，毫无疑问今后每一天的生活都要被钱牵着鼻子走。他开始对周围的一切感到恐惧，摆在桌子上的信用卡对账单和还款通知书仿佛就是自己的卖身契。

“有没有搞错，每年工资都上涨，怎么钱还不够用呢，到底哪里出了问题？”

浪花暂时带走了所有的担忧

崔小天一起床就拉开窗帘观察外面的天气，已经接连下了好几天的春雨，今天终于出太阳了，真走运，因为今天是冲浪俱乐部组织活动的日子，被钱搞得一个头两个大的崔小天更是对这次活动充满期待。

“好吧，今天就忘掉所有的一切，全身心投入到波浪之中吧！”

崔小天喝着妻子递来的热牛奶，翻看着报纸，视线很自然地就落到财经版面上，在浏览上周股市点评以及下周股市展望时，他注意到了版面下方有这样一篇报道：

……没有钱的贫者由于脑子里压根没想成为富者，所以他们会为自己财务上的失败找出种种借口。而财务成功人士面对各种财务问题，会绞尽脑汁想出对策，当一个个问题迎刃而解之后，财务成功人士便变得更成功，而贫者却由于不会为自己所面临的财务困难肩负起开源节流的责任，最终他们的人生除了要面临经济问题外，还会把全家人的幸福都搭进去……

这是一篇对一位投资屡遭挫败却最终获得成功的人士所进行的人物专访，此人所说的“贫者”似乎是在说自己，这让崔小天大为不爽。

“什么？贫者？直接说穷人就得了呗，干吗还文绉绉的！”

崔小天哗的一下将报纸扔在了桌边，来到阳台上开始整理自己的装备。

每个月的第四个星期六他都雷打不动地去往清平，当他还是公司新人时，在清平举行的员工团结大会上，他有生以来第一次尝试了冲浪运动，从中体会到了冲浪有别于其他运动的魅力，之后便拉着同时进入公司的吴俊飞加入了冲浪俱乐部。他是至今为止一次也没缺席过的骨灰级会员，但自从结婚生子后，这每月一次的定期活动也还得提防妻子的反应。

崔小天忘掉一切全身心地投入到冲浪运动中，耳边响起轻快的发动机声，溅起的水花，远处的美景，紧绷的绳索带来的刺激感，这一切都让他沉浸其中，并忘却了所有的担忧和焦虑。当他自如地驰骋于水面上时信用卡欠款和贷款滞纳金都被远远地抛在了脑后。晚霞一点点在天边显现，五月的最后一天即将过去，不禁让人感叹一天的时间实在太短。

冲浪之后，自然到了聚餐时间。俱乐部共有20余名会员，大家根据各自的社交圈很自然地分成了好几拨，崔小天当然选择和上班族坐在了一起。今天大家的焦点还是放在了坐在餐厅一角的资深会员宋嘉成身上，他从事冲浪运动已经15年了，目前在一家外企担任营业部长，高大挺拔的身材再配上任何时候都十分得体的穿着，他很受俱乐部女性会员的欢迎，今天的话题又从宋嘉成新买的一辆轿车说起。

“嘉成兄，看来你从公司拿了不少提成啊，终于把天天挂在嘴边的雷克萨斯给买下来了。”

在俱乐部担任总务一职的陶志海首先起了个头。

“是啊，这次用提成和信用卡贷款买了这辆车。听说升级版上市后，我就跑到公司旁的雷克萨斯专卖店，但他们的付款方式实在让人受不了。”

“为什么？”

陶志海睁大眼睛问道。

“首先要支付20%的车款，剩余部分按每月2500元的方式支付，从这个月就开始执行，所以说我是下了很大决心才买这辆车的，反正明年还能涨工资，估计不会有太大负担。”

在众人羡慕的眼光下，从角落传来一个声音：

“雷克萨斯就那么好吗？”

是五十三岁的罗富东，他是俱乐部里年纪最大的，和自己的同事吴俊飞是同乡，两人年龄尽管相差很大，但是关系很好。

“富东兄，看来您是有所不知啊，有句话是这样说的，想清晨享受咖啡的美味就得乘坐雷克萨斯。”

“这句话的意思是说要开着车去喝咖啡？”

“不是，这是说早晨可以带着咖啡上班，就算将咖啡杯放在仪表板上，杯子也不会晃动，就是在车内感受不到震动的意思。哈哈哈！”

“哦！”

周围的人都发出羡慕的感叹声，这样的生活是每个上班族的梦想啊。陶志海也十分羡慕，详细询问了车的价格以及销售人员的联系电话，在酒桌上他算是比较年轻的，敞篷跑车一直是他的梦想，但至今还没有列入购买计划，看着犹豫不决的陶志海，宋嘉成发表了自己的观点：

“喂，陶志海，要活不就得活出个人样吗？我们的父母勒紧裤腰带辛苦一辈子，吃也没吃好，穿也没穿好，我们虽然也成不了什么有钱人，但该花的钱还得花吧，买辆好车，休假时去海外旅行，说得难听点，只要自己的生活不给别人带来伤害就万事OK啦。知道人容易犯的最大错误是什么吗？只顾着为未来打算，却放弃了眼前的快乐，我认为懂得享受生活每一瞬间的人才是最聪明和最幸福的，无数个现在聚拢在一起便是未来，老是眼瞅着未来，未来永远不会到来。你说对吧？”

满脸通红，嘴唇上还沾有啤酒沫的宋嘉成大发感慨，陶志海将啤酒杯一放，带着悲壮的表情接过话茬：

“大哥说的没错，我昨天去银行存钱时发现利息根本没有多少，10年前，利息还超过10%，可现在的利息就跟兔子尾巴一样短，再加上扣除利息税，最后算下来根本赶不上CPI，在通货膨胀时期，把钱存银行，还不如拿出来享受人生，是不是这样？”

“哈哈，看来现在咱俩有共同语言了。”

听到宋嘉成的称赞，陶志海兴致更高了，于是端起酒杯高声喊道：

“没错，大哥，人生，还能有什么？该吃就吃，该喝就喝，该工作就工作呗，好，我们一起来干一杯，干杯！”

回家的路上吴俊飞和罗富东坐的是崔小天的车，一有聚会他们就轮流当司机，这次轮到了崔小天。打开车内收音机，收音机里正在激烈地讨论着有关退休生活应对的话题，其中一位提出在城市里居住的一家人到40岁时至少要有300万元退休资金的观点，吴俊飞对此开始发表意见：

“整天在公司忙得焦头烂额，哪有时间考虑退休生活？本本分分地过好每一天就行了，事实上对我们这种拿死工资的人来说，要等到哪一天才能凑够退休后的生活费啊？这个世界上有些人在家躺着就能靠房地产赚钱，而我们光是省些小钱又有什么用，我看没必要折腾，就这么活着呗，这也许就是我的命。”

吴俊飞老是这样，不论谈什么事他都会归咎于命运，仔细一想，他的人生哲学其实挺单纯，拿他的话来说就是“要安于天命，与命运抗争是愚蠢的”。

崔小天起初比较反感他的这种思维方式，但时间一长也就麻木了，坐在后座上的罗富东也说道：

“没错，等到你退休时一切都会变得更好的，那时我们国家也会步入发达国家行列，到那时就再无须为退休生活担心了，即使不能像瑞士那些国家给国民发放高额养老金，但总不至于会饿死人吧，再加上我们每月不都在缴纳养老金吗。”

罗富东原来在国有企业大韩电力公司上班，最近又调到从母公司剥离出来的东部发电公司，他的岗位可真是“铁饭碗”，因此他自己也十分满足于目前的状态。

“富东兄弟，你就别说下去了，我现在只要一听人提钱，头立马就疼，看看那些有钱人不照样要面对很多问题吗？亲人远离，健康恶化，官司缠身，能不能成为有钱人都是命中注定的，但这个世界上比钱珍贵的东西还有很多，周末和家人一起外出是我最愿意做的事，当然这需要花费不少钱，但我认为和家人在一起要比金钱更加珍贵。”

吴俊飞的话再次得到了罗富东的认可，他也觉得只要是家庭旅行，无论去哪都很开心，因此自己也在考虑是不是也该换辆好车，两人就这么你一句我一句说个没完。

崔小天静静地聆听着吴俊飞和罗富东的对话，和他俩相处的时间虽不算短，但是他俩这种随遇而安的态度曾不止一次地让他陷入苦闷中。

“他们活得真够潇洒，可他们工资也不比我高啊，怎么还能把钱花在旅行和休闲活动上？他俩肯定还留有一手。”

财富地图在哪儿

在最适合旅游的5月，从清平到首尔的交通十分拥堵，由于还得把吴俊飞和罗富东送回家，崔小天今天注定很晚才能到家。崔小天把车停在停车场后，一看表都快12点了，赶紧抱着冲浪装备和换洗衣物走进房门，发现妻子正怒气冲冲地看着自己。

“你还知道回来啊？知不知道现在几点了？”

和想象中的一样，妻子肯定不会给自己好脸色。

“对不起，老婆，我是回来晚了，路上太堵了……”

“你明知道每次回来都会堵车，为什么还去冲浪？冲浪是能挣钱呢，还是能当饭吃？”

一直以来妻子对崔小天动不动就周末独自一人去冲浪十分不满，今天则摆出了要和他好好算一账的架势，本以为晚归后道句歉就万事大吉，没想到妻子不依不饶，崔小天顿时也火冒三丈。

“怎么，我周末冲浪你现在才知道吗？我平时上班够累了，难道就不能有一点爱好？运动还能减轻压力，有什么不好？我这么做不仅为了我自己，也是为了你和孩子，你不要老是从你的立场来考虑问题，也替我想想，我又不是一个赚钱机器。哼！”

本来就被钱搞得紧张兮兮的崔小天因为妻子的几句话把自己的情绪彻底地发泄出来，随手把衣物朝角落一扔，大步走进书房，哐的一声关上房门。他瘫坐在椅子上，身体使劲往后仰，闭上了双眼，试图让自己的呼吸和情绪都平静下来，但刚和妻子吵完架，心头之火一时还很难压制，为了不和妻子再次发生冲突，看来今晚他只得睡在书房了。

崔小天习惯性地打开电脑，在检查邮箱时看见了陈文华发来的邮件。

我是文华。

这段时间过得怎么样？很高兴上次能在银行遇见你。

今天我给你打电话想约你见一面，可是你手机一天都关机，正好马修教授今天要和我一起吃晚饭，我就想把你也约上，结果没能联系上你，我跟马修教授提起你，他很遗憾你没能过来。马修教授说他给我们讲课是他有生以来的第一次也是最后一次，我老是称他为“教授”，他听后十分开心，比起“会长”和“社长”的称呼，“教授”这个词他更喜欢。我把教授的名片扫描了粘在附件里，你赶紧和他联系吧，他接到你的电话肯定会十分高兴的。

对了，差点忘了一件事，下个月我们全家就要去新加坡了，很早我就梦想去海外工作，如今梦想终于实现了。不管怎样在我走之前咱俩一定要好好聚一下。

你的朋友，文华

读完邮件崔小天除了羡慕之外，更多的是嫉妒。陈文华的存款已经能租用银行的保管箱，现在他还要带着一家子去海外工作，看来他在公司里也很受领导赏识，与他相比，自己为了一个爱好还要和妻子大动干戈，每天为了钱过着提心吊胆的生活，这种差距让他心里很不是滋味。他像发了神经一样，将键盘朝前一推，脑袋深埋进双手，忽然间想起陈文华说过当他陷入困境时总会第一时间去找马修教授。

“是不是该和马修教授见一面，文华不是说他从教授那里获益匪浅吗，看来马修教授肯定有解决经济问题的秘诀。”

控制住钱是指不能让钱在我们的生活中居于支配的地位，越是缺钱，钱所占据的位置就越高，财务成功和失败的分水岭就取决于对待钱的不同态度。

Chapter 2
拜见理财专家，解读致富密码

天下没有免费的午餐

8点55分，崔小天像往常一样准时来到办公楼大厅，可是气氛却与以往大不相同，所有人都聚集在大厅的公司告示板前议论纷纷，崔小天从人缝中钻进去，看着告示板上的通知。

> 关于收回公司住房的通知
>
> 通知对象：居住在公司住房里的所有员工
>
> 审批：人事部长
>
> 由于经济危机，我公司的销售额直线下降，资金链也出现了一定程度的紧张，为了缓解目前这种状况，经董事会讨论研究决定，将之前作为员工福利只向员工收取管理费的公司住房全部收回。
>
> 此决定可能会给居住在公司住房里的员工带来不便，希望你们能够体谅公司的苦衷，在3个月内返还公司的住房。

由于公司最近业务量急剧下滑，大家都传言公司将会采取应对措施，但谁都没想到政策会出台得这么快，读完通知崔小天首先想到的就是吴俊飞，自进入公司第一天起他就住在公司提供的住房里。

“这下麻烦了，对他肯定是个不小的打击。”

办公室完全乱作一团，突如其来的通知令大家无心工作，坐在休息室里的几个人也是在讨论“返还”话题，由于崔小天所属部门的两个员工也住在公司提供的住房里，看得出张总监也对此大为不满。崔小天放下手头的事，来到人事部想了解一下具体情况，却发现有好几个人正在与人事部长进行沟通。

“总监，这么做是不是有点过了？突然让我们搬出去，我们上哪儿住啊？之前给我们提供住处时说公司的福利待遇是全国最好的，现在却让我们搬走，到底还让不让我们活了？”

“你们不要这么悲观，主要是这次公司经营遇到困难，我也没有办法啊！你们可以对我诉苦，但目前公司面临的困难你们也很清楚，没有进行人事调整就算不错了，如果不把这些房子卖掉，估计会有30多名员工被裁，从年初起公司的效益就大不如前，为此公司不一直在说要出台缩减员工福利待遇的方案吗？这次把房子出售就是公司整体方案的一部分。”

人事部长的解释让众人也不好再说下去，便都回到各自的办公室，崔小天也没有获得更多的信息，回到了自己的部门，进入办公室后他看见金副主任和李副主任正在向部长递交提前退休的申请，他们表示要赶紧和妻子商量解决住房的问题，张总监二话没说就批准了他们的申请。

崔小天没有回到自己的座位上，转身便去物流部找吴俊飞，可这时他不在物流部，周围同事也不知道他去哪儿了，找了好久终于在员工休息室里发现了吴俊飞，他正无精打采地摆弄着电脑，崔小天从自动售货机里取出两罐咖啡，坐到他身旁。

“干什么呢？”

“哦，是你啊，我随便看看。”

他的手有气无力地搭在鼠标上。

“看什么呢，这不是房地产网站吗？”

“我必须在3个月内将房子腾出来，所以我想先了解一下周边小区的行情。”

“怎么样，有没有合适的？”

“嗨，别提了，和我现在居住面积相同的房子，租金都太贵了。”

“你手里不还有些积蓄吗？为了还房贷，我累得不行了。”

“哪里还有什么积蓄！”

吴俊飞把咖啡一饮而尽，大声说道。

“什么？没有积蓄？”

崔小天无法相信自己的耳朵，又问了一遍。

“我手上只有住房公积金35000元，以及一个存了两年的月储蓄额为1000元的存折，这就是我的全部家当，我现在连死的心都有了。”

吴俊飞用双手紧紧抱住头，表情十分痛苦。

“不会吧，你每月的工资都干什么用了？你既不用照顾父母，家里也没有病人啊。”

吴俊飞的一番话让崔小天十分震惊。

“我也不知道钱都跑哪儿去了。”

“但花在哪里终归有个说法吧。”

“嗯……你也知道我和我爱人酷爱旅行，一到周末我们就会带着孩子出门旅行，休假时还会去海外旅行，由于老是在外面跑来跑去，后来就干脆买了一辆越野车。虽然我的人生没有什么计划，但我所花的钱都是在我收入范围以内啊，在经济条件允许的情况下开展自己的业余生活，难道有错吗？”

“我的天……你就从来没为自己的家庭积攒资金以备不时之需？”

“没有，要是有人向我推销保险，或许我会考虑。但我现在只有一点‘劳动者长期储蓄’，实际上我一直觉得储蓄没啥必要。”

听了吴俊飞的话，崔小天意识到面前这个人遇到了比自己还要大的麻烦。

“那么你现在打算怎么办？”

“不知道，还能怎么办，只剩下3个月的时间。”

吴俊飞关闭了浏览器窗口，从座位上站起来。

“不管怎么说你都得想办法解决啊。”

“一切会好的，这都是命啊，你也不用太担心。”

吴俊飞还是以自己一贯的宿命论结束了这次谈话。

回到办公室的崔小天有些坐立不安，他自己也是通过拆东墙补西墙的方式战战兢兢地度过每月的还款日，以他这种财务状况，一旦这种突如其来的变故发生在自己身上，后果将同样不堪设想，崔小天绞尽脑汁也找不到应对之策，他觉得再这么下去只能是死路一条，于是心情变得越发急躁起来，也没有心思工作了。他胡乱地翻着桌上的资料，拉开抽屉乱找一气，以此来打发时间。

“崔经理，你不是已经买房了吗，你怎么也急得像热锅上的蚂蚁？”

看着崔小天的反常举动，张总监来了这么一句。

“怎么总监您认为这是别人的事？他们可都是我们的同事，我早听说您家有钱，可也不该这么事不关己高高挂起吧？”

没想到崔小天突然提高了嗓门，这使得坐在远处的其他同事纷纷扭过头来。

“嘿，你怎么只知其一不知其二呢？你有没有想过你这么白白耗费一上午的时间会给公司带来多大的损失？宝贵的时间就被你们这样轻易消耗掉了，才会导致‘退还公司住房’这种事情的发生，你要是真想帮助同事，就应该将每分每秒用在工作上，使公司的业绩恢复到巅峰时期，是不是这样呢？”

张总监的话没错，但是崔小天认为这时还能说出这种话的人必定是无须为生计犯愁的人。他撇着嘴朝走廊走去，情绪低落的他想去休息室喝杯咖啡，突然间想起文华曾经给过他马修教授的联络方式。

“好吧，看来要想摆脱目前的处境，必须赶快和马修教授见上一面！”

钱都到哪儿去了

马修教授的办公室位于地铁站附近的星塔大厦，崔小天仰望挂在大堂中央的指示牌，决定先等身上的汗干一些再上去。为了不再忍受张总监的唠叨，他和马修教授约好在午饭时间见面，才刚刚6月份，气温却出奇地高，从地铁站没走几步，崔小天的后背就全湿透了。

从密密麻麻的指示牌中得知马修教授工作的GBE资讯公司亚洲区分部位于大厦的17层，在接待人员的指引下，他走进了马修教授的办公室。

“您好，教授，我是崔小天。”

“见到你太高兴了，太长时间没见了，呵呵。”

尽管多年不见，马修教授看起来还是老样子，反而比之前显得更为亲切，给人一种很舒服的感觉。

“您百忙之中还能为我抽出时间，真是太感谢了。”

崔小天为自己一直没能拜望表示歉意，难为情地挠了挠头。

“哈哈，可别这么说，我现在年龄也大了，与自己昔日的弟子重逢不知道有多高兴呢，来，随便坐。”

又见崔小天，马修教授的确很开心。

两人相互打完招呼后，尽管崔小天内心不停在呐喊“赶快把理财秘诀告诉我吧”，但表面上还是不动声色啜饮着手中的绿茶。

“听说教授您还能记住我的名字和模样，我感到很意外，因为我没听过您几节课，课下也没和您见过面。”

崔小天一不小心就将自己的糗事抖了出来。

“我怎么会忘了你？那是我第一次也是最后一次在海外以客座教授的身份上课，没想到上课没多久你就和我争论起来，搞得我有点下不来台。”

“实在对不起。”

崔小天表情很窘迫，但对于马修教授的话却有些心不在焉。

“不不，没什么可对不起的，对我来说那也是一次很好的经历，当时你正视着我有理有据地提出了自己的主张，这给我留下很深的印象，年轻人就应该这样，除此之外，你知不知道还有一次你也给我留下了很深的印象？”

说完马修教授嘴角泛起一丝微笑。

“这我还真不知道，是什么？”

崔小天感到很意外。

“是你提交的报告。”

“报告……你是说关于赚取50万元的那份报告？”

“没错，当时我在期中考试时出了这个题目，我对你那份报告印象特别深，因此总想着和这个学生单独见面，你还记不记得你在报告的结尾是怎么说的吗？”

“对不起，我一时还真想不起来了。”

都已经是10年前的事了，自己怎么可能还能记住报告结尾是什么内容，崔小天搞不清马修教授葫芦里究竟卖的是什么药。

马修教授略微抬起头，凝视着上方的天花板，似乎正努力将记忆碎片拼凑起来。

“要是我没记错的话，你是这么写的。”

生活在这个时代，从迈入社会的第一步——求职面试起，就会因家庭经济实力的差别而分出高下，像我这样既没钱也没势的人大学毕业走向社会，很难挣到50万元，出身平民的人是很难挣脱贫困的枷锁的，而富家子弟却会越来越富有，这难道不就是资本主义的特性吗？

“其他人都在长篇大论如何用人生第一桶金来挣出这50万元，对未来充满了希望，唯独你却用这种悲观的论调作为结束语，我当时觉得你真是个特立独行的学生，如果你真是为了挣学分，即便心里是这么想的，也决不会写在报告上。”

“听教授您这么一说我才想起来，不过就算是现在我仍持这个观点。”

“呵呵，是么，这就让我不放心了，大学时代还可以说是年轻人意气用事，但参加工作这么久你还抱有这种观点，那我就不得不为你担心了。”

“我觉得为了生活自己已经尽了最大的努力了，但是10年过去了，我至今还一事无成，手里攥着的除了信用卡对账单和贷款催缴通知单以外别无他物，今天我来这儿就是想听听教授有什么好的建议。”

一个能自然过渡到此次谈话正题的机会就这么出现了，崔小天欣喜不已，一边观察马修教授的反应，一边接着往下说：

“也许我这话说得有些过分，在当今这个环境下，要想收入达到您这种水平恐怕不太现实吧？尤其是在韩国。”

“我在你这个年纪时也曾这么想过，当时自己虽身处美国这个被戏称为遍地都是黄金的国度里，我却觉得所谓的美国梦离自己太过遥远，你现在的想法就和我年轻时一模一样。这样吧，要不我和你说说我人生中的转折点，也就是我年轻时的失败经历？”

已经将财富和成功紧紧握于手中的马修教授竟然也曾消极地看待这个世界，这让崔小天十分好奇，再加上这段失败的经历还是他人生的转折点，看来这绝对是不可错过的内容。

“算起来已经是30多年前的事了……”

马修教授回想起自己的往事，嗓音略有些发颤，崔小天屏住了呼吸。

“当时我感觉自己好像困在伸手不见五指的迷宫里，那段时间我的财务完全处于失控状态，那是我这一生所遇到的最大危机。在那之前工作可以让我获得丰厚的年薪，一切都显得那么美好，但是由于理财不善，相当一部分资产化为乌有，无节制的消费也使得之前的积累成为过眼烟云。自从陷入财务危机后，之前的乐观豁达的精神从我身上消失了，一种空虚无助感占据了我的身心。而这些所谓‘趁年轻就要享受人生’的愚蠢想法控制着我的思想！面对每月厚厚一摞的信用卡对账单和催款通知单我真是束手无策。对于从来无须为钱犯愁的我来说，此时钱对我的重要性已上升到一个前所未有的高度，我比以往任何时候都更为迫切地需要它。”

马修教授喝口水润了润嗓子，接着说道：

“当时以我的工资水平根本无力偿还那么多的收费和债务，整个财务状况就像漏了底的水缸一样，到最后我和我妻子只要一提到钱就会争执不休，夫妻关系也因此出现了裂痕，抱怨和愤懑更是常挂在我的嘴边，我始终不明白为什么缺钱这种事会发生在我的头上。”

“想不到教授您还有过这样的经历，的确和我如今的处境极为相似。”

崔小天听马修教授诉说的这段与自己的经历如出一辙的话后，十分惊讶。

“哈哈，是不是差不多？如果真是这样的话，那么我的故事对你的帮助可能比我想象中的还要大。”

“那么教授您是如何渡过这次危机的呢？”

崔小天确信马修教授在经历了那样的危机后还能积累起如今的财富，这里面肯定有什么秘诀。

“大海中轮船如果迷失方向就很容易被四周的暗礁撞击，甚至有可能支离破碎，财务赤字对我来讲无异于轮船迷失方向。我的精神几乎完全崩溃，我不能再工作，于是我请了长假，闭关在家，不断反省自己身上的问题。虽然我的意志力不输于任何人，但是在黑暗中寻找光明谈何容易，后来我开车去书店买了一后备厢的书，当时我只有一个想法，那就是从中寻找到快速致富的方法或是被其他人所忽视的理财秘诀，我都不知道那时看了多少本书。”

“后来您找到秘诀了吗？”

崔小天的眼睛开始放光，急忙问道。

“如果赚钱是那么简单的事，恐怕所有识字的人都变成富翁了，我说得对不对？哈哈哈！”

马修教授笑了好一会儿，继续往下说：

“虽然读了大量的书，我却根本没有找到什么秘诀，这些书只是让我明白了一个事实，那就是之前的我太过无知，根本不懂如何理财，这也直接导致了后来钱逐渐在我人生中占据了十分重要的位置。”

“钱在教授的人生中占据了十分重要的位置？我不太明白……”

崔小天表示难以理解马修教授话里的含义。

“我之前一直认为钱不是人生的全部，也就是因为我的这种想法，让我没能意识到必须由我亲手来解决因钱而引发的问题，而是选择逃避和拖延，越是这样就越陷入泥潭中无法自拔，最后反倒让钱变成我生活的主人，我无法支配钱，钱却能支配我，至少在那件事发生之前是这样的。”

“被钱支配的人生”，听到这里崔小天心头一沉，由此及彼，如果再这么下去，恐怕在不远的将来自己同样也会被钱所支配。

“到底是什么事呢？”

崔小天瞪大了眼珠，坐的位置也离马修教授更近了。

马修教授站了起来，慢步踱到窗前，回忆起当时情景。

在美国，汽车是人们生活的必需品，就算贷款严重超标或是拖欠了好几个月的税金，人们也不会轻易舍弃自己的汽车，对马修教授来说也是一样，他有一辆雪佛兰的克尔维特跑车。

一个星期六的晚上，他和妻子因为钱大吵了一架。

“过日子不得省着点花吗？你给你的宝贝车加油是眼都不眨，怎么就不知道让你的家人吃饱穿暖呢？”

“你说什么？要是让别人听见了，还以为我是一个让全家人挨饿的不负责任的男人呢，你怎么能说出这种话，唉！”

马修夺门而出，哐的一声关上房门，开着那辆克尔维特就离开了家，为了释放一下抑郁的心情，驱车开上高速公路。

“看来只有你最能了解我的心情，飞奔起来吧，我的宝贝跑车！”

下了高速公路，进入静谧的乡间公路后，马修干脆将车速提到了最大，在公路上狂飙起来。

“咦，今天天气这么差？本来心情就不好，怎么天气也阴沉沉的……”

就好像猜中他今天心情不好一样，一场20年不遇的大雪就这样下了起来，恰巧此时汽油也快耗尽，车子最终在离下个加油站几公里处抛锚了，雪仍在纷纷扬扬地下着，马修教授被困在乡间公路上动弹不得。

“难道就这样坐着等死？要不徒步走到最近的农庄？不行，我不能把我的克尔维特就这么抛在路边。”

他决定等待过路车，但是在这种人烟稀少的乡间公路上车辆极少，即便偶尔过来一两辆车，由于漆黑一片，司机也不会轻易将车停下。

随着时间的流逝，寒冷和恐惧也在一点点地放大。

他的内心虽然还在高喊“克尔维特就是我的自尊心，绝不能抛弃”，可身体却从车里出来，朝着家的方向走去，离车子渐行渐远，他又听见自己内心响起这种声音：

“对，干得好，首先得活下去，要车子有什么用，看，扔了车子不照样能活么，为了家人和我自己，必须活下去！”

他就这样沿着公路一直走，直到第二天清晨才到家。一见到妻子，马修就将她抱在怀里抽泣起来。

“对不起，亲爱的，我们之所以面临这么严重的财务问题，全是我一手造成的，要怪就全怪我吧！”

故事讲完后，马修教授的脸上露出轻松的笑容。

“您想表达的意思是只有扔掉跑车才会有转机？”

“哈哈，年轻人理解的就是快，此前这些表面光鲜的外壳一直束缚着我。”

“但这并不代表您在领悟到这点后，所有的问题就能迎刃而解啊？”

事实的确如此，抛弃了一些浮华的东西并不能立刻解决财务上的问题，崔小天多少有些失望地问道。

“当然是这样，但重要的是，我不会再将我的财务问题怪罪他人，我要对我家庭的财务问题全权负责。从那时起我就立下了这么一个决心，之后我也是这么做的。实际上发生那起事件后，我回到家做的第一件事就是把车卖掉，那辆车可是我的心肝宝贝啊，在这之后我杜绝了所有超出我能力范围的消费。”

马修教授还在讲述自己的经验之谈，这时从外面传来了敲门声，秘书对马修教授低声耳语几句，马修教授点点头，示意秘书先出去。

“哎呀，实在过意不去，突然来了一位客人，咱俩今天只能先说到这了。”

“没关系，非常感谢您能抽出宝贵时间。”

话虽这么说，崔小天内心却感到十分遗憾，因为此时教授正要说到点子上，没想到就这样被打断了。

“看你的表情好像有些意犹未尽啊，这样吧，我看了一下日程表，下周六晚上我有空，要不你来我家一趟？实际上我也还有一些话想对你说。”

听了马修教授的提议，崔小天的脸上重现笑容。

“当然可以，教授。”

两人约好了见面的时间和地点，在回来的路上崔小天感到脚步格外轻松。

“估计到了下周六我就能解决目前的财务问题了。”

要成为钱的主人而不是钱的奴隶

从可将汉江景色尽收眼底的窗户望出去，外面艳阳高照，坐在太阳椅上的马修教授望着窗外，十分悠闲。

马修教授端起茶杯，小啜一口后说道：

“你也品一品，这是朋友从中国带来的好茶，味道稍苦了一点，但对身体很好。产量极少，所以弄到手我那朋友也颇费了一番周折。”

独特的香气刺激着崔小天的嗅觉，喝了一口盛在陶瓷茶具里的茶，满嘴都是苦涩，但等茶水流过咽喉后，一种清爽微甜的感觉就回荡于唇齿间。

“对于茶道我是个门外汉，但是这茶细品起来有种神清气爽的感觉。”

“我是在10年前开始接触茶的，后来就慢慢地迷恋上了茶道。”

两人品着茶，一时都没说话。整齐摆放在房间内的古董家具泛着亮光，窗框和客厅地板用的是桧木材料，双层客厅更显房主的品味，窗户那边修建了一个庭院，园艺工此时正在干活，崔小天无意中发现这名园艺工已经上了岁数，在铺着白色小石子的路上来来去去，修剪着庭院里的树木。

过了一会儿，马修教授放下茶杯，开口说道：

“你是怎么看待钱的？钱是好东西，还是坏东西？”

“……”

平生第一次听到有人这么问，崔小天竟一时语塞，一直以来他在学校学的是营销学和经济学，上班后也经常和钱打交道，但从来没有考虑钱自身的价值，他的大脑并不能很快给出一个明确的答案。

“是不是我的提问太单刀直入而无法回答？别想太复杂了，结合一下你的经历，谈谈你对钱是怎么看的。”

“我认为钱虽然不可或缺，但另一方面它也会给人们带来不幸，钱让人们出现阶级概念，还会引发争斗和仇恨，这没错吧？实际上我对钱好像一直没有什么幸福的回忆。”

无论是童年还是现在自己的生活都一直为钱所迫，所以在崔小天看来，钱并不是个好东西。

“哈哈，很多人都和你一样，一提到‘钱’脑子里浮现的都是消极的东西，就是因为这种记忆让人们产生了对钱的偏见，只要一提到‘钱’心理上就会感到不适。当现实生活中出现经济问题时，也不会积极面对，而是一味选择逃避，最终一辈子都无法从中摆脱出来，到头来钱反而成了主人，人反而成了钱的奴隶。”

“钱成为人的主人意味着什么？”

“钱是人的主人与人是钱的主人是完全不同的两种情况。我们是钱的主人的时候，我们可以实现梦想，可以过上幸福的生活；可当钱成为人的主人时，情况就完全不同了，这样的生活会让人们抛弃所有的希望和梦想，工作的目的就是为了挣钱，生活的一切也都围绕着钱，自己不再期待未来的经济收入会发生变化，认命于命运的安排，过着被动的生活。由于这种被动和宿命，在对待钱的态度上， 人们常常会给自己的经济实力划定一个界限，随后便会安于现状，对待收入会说‘我不论多努力也就只能挣这些钱了’，对待支出会说‘这点钱都不花，这日子还能过吗’，是不是这样？你同不同意我的观点？”

听完马修教授的这番言论，崔小天点了点头。

“你刚才说了这么多，我对其中的大部分还是比较认同的，我的确能感受到自己的收入和支出存在着界限，但是我不同意这种界限是由自身所划定的观点。事实上，无论自己再怎么努力，收入都超不出目前的水平，这是我必须面对的现实，无论再怎么节省，支出也很难降到家庭正常开销以下，只是让我伤心的是，我的花销和别人差不多，为什么财务危机偏偏就落在我一个人的头上，周围和我收入一样的人，换了好车，偶尔还会和家人外出旅行，活得比我潇洒多了，这是怎么回事，照我看来，他们早就该陷入财务危机了。看着我每月信用卡的对账单和各种贷款，我觉得我的生活真的已经没有希望了，做什么都无济于事了。”

“你说的不对，现在还为时未晚，要是真的晚了，你我坐在这里谈话就没有任何意义了，你之所以有这种想法，恰恰证明你还没有从被动的生活中走出来，你应该立即打消这种为时已晚、无济于事的消极观念。”

崔小天的内心仍纠结得很，现在无论自己再怎么高喊“没错，一点都不晚”，但只要不是天降横财，他都无法改变自己面临着财务危机这一事实。

马修教授注意到崔小天忧郁的神情，又对他说：

“你有没有听过‘贫困是种慢性病’这句话？如果从一开始就接受了自己贫困的命运，之后将很难再翻身，认为这是命运而不与其抗争的人最初觉得出身贫寒是件很丢人的事，但慢慢地就会接受这个事实，并学会如何在生活中去适应它，当问题出现后，便会习惯性地认为这是周围窘迫的环境所造成的，不再努力。”

“贫困的确是我们要消除的对象，我们不能设法去适应它，而要努力去摆脱贫困。”

现实却是富裕的人会越来越富，贫穷的人会越来越穷，比起出身贫寒的人来，那些富家子弟成为富人的概率要高得多。崔小天渐渐地对教授的话产生了怨气，他认为那些富家子弟就算不努力，也照样可以拥有高级轿车和别墅，闲暇时间还能去海外打高尔夫。

“哈哈，看来你对钱的态度还真够消极啊，如果你不能摆脱这种消极观念，它就会长期存在于你的潜意识中，这就注定了你的财务将会发生危机，换句话说，这种财务危机是你自身所做出的选择。”

“这么说，教授是认为我这种对钱的消极态度造成了我目前的财务危机？”

崔小天克制住心中的怒火，向教授问道。

“你对钱的这种消极态度堵住了钱的流通渠道，出身贫寒并不丢人，向命运屈服才真正丢人，你要想过上富足的幸福生活，就必须承认钱是美好的也是必需的，自己要打心底希望过上这种生活，并坚信美妙的人生正在等待着自己，还要建立一个更大、更具进取心的财务目标。”

马修教授从座位上站起来。

“老坐在这里有些闷得慌，我们出去走走吧。”

富有还是贫困取决于你自己

不远处的汉江水缓缓流淌，在这样的庭院里散步的确是种享受，尽管艳阳高照，但树荫底下仍有微风拂来，崔小天默默地走在马修教授的右边。

“怎么样？这里挺凉快吧？”

“教授，我还是有些糊涂，你的意思我似乎都懂，但具体该怎么做我还是不明白，脑子乱得很。”

“首先你要承认这样一个事实，你目前所遇到的财务困难是你自己一手造成的，你目前所拥有的财富都在你为自己所设定的范围之内。”

停下脚步望着江水的马修教授转过头来，盯着崔小天的眼睛。

“这么说没道理吧，谁会选择贫困或财务困难？反正我从来不会希望自己陷入这种困境。”

崔小天坚决不同意马修教授的话，将脚下的小石子踢了出去。

“呵呵，是吗？看来你比我想象中要顽固得多，那我就试着再给你详细解释一下。首先有一点你误会了，那就是愿望和选择是两个东西，你是不是不希望上面的那种情况发生？这只不过是你的愿望罢了，在现实生活中你所做的选择恰恰与你的愿望相反。我之前要表达的意思就是你必须承认这一点，你现在所面临的财务状况，是受你之前的想法和观念影响下的种种选择汇聚而成的结果，对此你难道不承认吗？”

崔小天哑口无言。

马修教授拍拍崔小天的肩膀，接着往下说：

“大部分人都不敢正视钱的问题，接受现实是一件很痛苦的事情，于是乎人们便想逃避，安于现状，这就像是一个人身上长了脓疮却置之不理，到了最后会怎样？等到脓疮破溃那一刻所要承受的痛苦会远远大于因治疗而带来的痛苦。如果不正视自己的财务状况，情况就极有可能发展到不可收拾的地步，因此我们必须在这之前承认我们的身体长有脓疮，并下定决心对其治疗。”

马修教授停顿了一下，观察崔小天的面部表情。崔小天的面色仍然很凝重，俯视着下面的景色。

“怎么样？还想不想再听下去？看你的表情似乎对我的话有些抵触情绪……”

“说老实话，比起深究起我对钱的价值观以及我对财务危机所负的责任，我更想知道您是否能透露点获得收入的秘方，如果我在经济方面宽松一些，我肯定就会以一种更积极的态度来对待金钱。”

崔小天等了好久，总算鼓起勇气说明了自己的本意。

“哈哈，怎么你还没明白我的意思呢，说得难听点，就算我现在向你介绍了某个投资产品，你从中获得了很大收益，但过不了多久，你所失去的钱肯定会比你得到的还要多。要问为什么，就是因为你不懂得如何成为钱的主人，妥善管理好自己的钱财。”

说到这里，马修教授示意园艺工过来。拔了好长时间的杂草，此刻正在树荫下休息的园艺工走到了两人面前。

“老板，我在那边拔草，太热了所以就暂时……”

园艺工一见马修教授就连忙解释道。

“呵呵，没关系，实际上我想和你说几句话，顺便让你休息一下。我问你，上次你所担心的小儿子的注册费解决得怎么样了？”

“嗨，别提了，真不知道钱这东西都躲在了什么地方，我和我老伴累死累活也挣不到什么钱，这个社会怎么变成了这样，钱都被那些富人紧紧捂在了口袋里。”

马修教授刚一问完，园艺工便口沫飞溅地发表了一通感慨。

“看来还挺棘手，但你现在应该去想办法解决你儿子的注册费啊，光是埋怨社会有什么用呢，谁也不会把钱扔在你的怀里，无论是谁，如果想从财务困难中走出来，第一个阶段就是先承认是自己的责任，不能怪罪于任何人，没有钱、钱不够、财务遇到困难……之所以出现这些情况，就是因为之前在对待钱这一问题上没有履行好自己的责任。据我了解，你的工资加上你夫人的工资超过了2万元，如果事先为家中小儿子的注册费做好预算，每月再存上一些，恐怕今天也不至于面临这样的困境。”

马修教授在语重心长地说出这番话的同时，视线在园艺工和崔小天两人之间来回游走。每当视线移到自己身上，崔小天都会迅速躲开。

“哎，我那个小子，他自己的人生他自己看着办吧，上不上大学由他自己来决定，要是上大学得打两份工，这样的大学上着还有什么意义？他又能花钱，还喜欢喝酒、买衣服，我也不是抠门的人，平时也不怎么对孩子啰嗦，现在的年轻人实在是太不像话了。”

园艺工叹了口气，接着说道：

“到了我这个年龄，面子上至少要过得去，去年我就干脆贷款买了一套三室一厅的房子，后来才发现一个月的利息可真不少，再加上我那老伴非要买玉石床，说躺在玉石床上才能睡着觉，其实她是在别人家看见了玉石床，觉得上面热乎乎的，所以就产生了这么个念头。我们也上了年纪，挤地铁和公交都不方便，所以我俩都开着自己的车，费用一下子又增加不少，可是又有什么办法呢？就算欠债也得让自己身子骨舒坦啊，是不是这样，年轻人？”

园艺工拍了一下崔小天的膝盖，想让他也认同自己的观点。

“没……没错。”

一想到自己的财务状况也亮起了红灯，崔小天不由得长叹一声，突然间他似乎明白了马修教授把园艺工叫来这儿的原因。

“教授，假如我已经认识到必须对自己的财务状况负责后，接下来我要做什么？”

崔小天满怀期待地望着马修教授。

“你要是真认识到自己要对目前的财务状况负责，你就会坚信未来的财务状况会因为你的意志和选择而大不相同。在对待钱的态度上，如果你选择了信任，你的潜意识就会将你的财务状况引向一个正确轨道，想获得更多的钱，就要先和钱建立起亲密的关系，你觉得呢？”

马修教授的话一说完，园艺工说自己还要去拔草，便从座位上站起，看着园艺工离去的背影，崔小天不由得心生一丝怜悯。

通往财务自由的第一步——对钱负责任

在阳光的照射下，温度越来越高，两人重新回到马修教授的书房。

“怎么样，在你看来，我们家的园艺工是钱的主人呢，还是钱的奴隶？算了，我还是直接问你吧，你觉得你是钱的主人，还是钱的奴隶？”

“钱的奴隶”这句话听起来让人很不舒服，但崔小天决定在马修教授面前将自尊完全卸下，把最真实的自己展现出来，这样他就能期待马修教授给出更有针对性、更容易操作的方案。

“按教授的话来看，现在的我更接近于钱的奴隶，因为我整日被各种债务纠缠，但是等哪天我也有了很多钱，我就能成为钱的主人。”

“你这么想还是有问题，钱的多少并不能决定一个人是主人还是奴隶，而是看你能不能下决心不让自己的生活被钱所控制，努力去控制钱，有这种决心的人才能成为钱的主人。”

“去控制钱，这句话具体什么意思？是不是说要知道资金的漏洞在哪，从而对其进行控制？”

“控制钱就是说不让钱在自己的生活中占据非常高的位置，我们需要在钱的问题上负起责任。越是没钱，钱在生活中所占的位置就越高，钱就会反过来成为主人，你承不承认几乎所有的人都经历过财务上的困难？财务成功和失败的分水岭就在于如何看待和应对所面临的财务问题，它的重要性要大于‘发生了什么样的财务问题’这件事本身，将财务问题视为自己要解决的问题，积极地去面对，将自己的责任全部履行到，这样在你的面前就会出现无数个在财务上获取成功的机会，抓住了机会生活就会出现转机。如果将其视为命运的安排，选择逃避，财务状况自然不会得到任何改观。”

马修教授劝告崔小天若是真想实现财务上的独立，回到家后就赶紧行动，第一步就是在纸上写出“需要钱的理由，也就是你希望用钱来实现什么愿望”，将需要钱的理由写出后，就能准确地知道自己将来要干什么，想拥有什么，想成为什么样的人。

马修教授从桌上抽出一张纸，亲自示范起来。

10年后我要——

给全家一个带有庭院的房子。

不用为钱犯愁，没有任何债务。

退休后有能力帮助别人。

让子女能够得到他们所希望的教育。

为了喜欢的事情做决定时，不会被钱所左右。

“看了这些愿望后，你有何感想？想不想实现这些愿望？是否还悲观地认为钱会让人毁灭？你所写下的这些愿望告诉了你为什么需要钱，也是你为之奋斗的动力，让你从中明白一点，要想真正实现这些目标，钱是必要之物，这样你才能重新用一种积极的观点来看待金钱。通过这些愿望，你对于钱有了不同以往的感情，对未来也充满期待，不用太长时间，你就会发现自己正在一步步接近这些愿望，当然无论是怎样一种选择，决定权在你，经济上是否成功其实在你思想上做出选择的那一刻就注定了。”

“好的，我明白了，我一定听从您的教诲。”

不知不觉中，崔小天内心的某个角落已经在高喊：“钱是不可缺少的，钱是美好的，钱是珍贵的！”

“不过要做的事还不止这些噢，光靠决心还是无法保证财务的自由。”

“那还要做什么呢？”

实际上，比起下决心和表态，崔小天更期待着从马修教授那里得到实际的操作方针、理财方法。

“我之前说过，要想过上不用为钱担忧的幸福生活，最重要的是本人要对钱负起责任，对钱负起责任的出发点是要准确地了解‘我拥有多少资产，如何去挣钱，钱花在哪里以及投资在哪里’，然后再通过计划来付诸实施，这是实现财务自由所要进行的第一个步骤。”

“可事实上，我周围很少有人会制定一个详细的财务计划，因为进来出去的钱无非是那么几项，为此专门制定计划是否多此一举？”

崔小天想起了自己每到元旦时就会下决心“今年一定要记家庭账簿”，可没过多久就破罐子破摔地放弃了。

“呵呵，这真是不幸的事啊，有不少的成年人能将自己的衣柜整理得井井有条，他们知道自己的衣柜里有多少套衣服，缺少哪些衣服，却不懂得理财，不关心自己的资产是多少，今后还将需要多少资金，如果你也忽视了对自己资产的管理，那么就要立刻改变现状，要想将钱牢牢控制在自己手中，这是必不可少的一步。”

崔小天不住地点头。

“就像我们爱惜自己的身体，会定期体检一样，在对待钱这一问题上，我们也要掌握目前资产的状况，并对其中存在的问题进行诊断和治疗。这样吧，我们现在开始，你在这张白纸上罗列出你的资产和负债目录，之后再用总资产减去负债，计算一下你的净资产为多少。”

不正确的购房属于“消费财”，非投资

马修教授将纸和笔递给崔小天，看到崔小天犹豫不决的样子，马修教授补充了一句：

“还不动笔，在干什么呢，你这家伙，你知道我一个小时的咨询费是多少吗？”

“咦？”

听见马修教授提到了费用，崔小天瞪大了眼睛。

“哈哈，看你表情这么严肃，和你开玩笑的，我这辈子就当过一个学期的老师，教了你们这几个学生，我看起来像是向学生收取费用的人吗？”

崔小天开始填写起纸上的表格，将自己的资产目录和负债都罗列出来，马修教授叮嘱他在填写资产目录时，要以现在的市场行情来评估资产，负债必须一个不落地全部列出来，崔小天感到有些模

糊的地方就请教马修教授，没想到填写一张表竟花费了不少时间。

“你把自己的财务状况都列出后，现在有何感想？”

马修教授看了崔小天填好的表，这样问道。

“我觉得负债种类比我想象中多了很多，原来我以为信用卡欠款不算是负债，但教授您说必须也将其包括在内，老实说，我对这个结果比较吃惊。”

资产目录		负债目录	
房屋	155万元	房屋抵押贷款	100万元
汽车	10万元	汽车分期贷款余额	5万元
股票	15万元	贷款	15万元
储蓄	5万元	信用卡欠款	1.5万元
		负债合计	121.5万元
		净资产	63.5万元
资产合计	185万元	负债＋净资产	185万元

看着自己的负债目录，崔小天一声叹息。

“你不是总感觉钱不够用么？现在你看了这张表后，明白其中的原因了吧，你要为这121.5万元的贷款每年支付7%，也就是几乎8.5万元的利息，折合到每月就是接近7000元，这绝不是个小数目……光利息就得7000元，要是再算上本金偿还，你每个月的开销真是不得了。”

“……”

以前一直嘟囔着打到卡里的工资怎么还没到手就几乎不见了，听了马修教授的解释后他恍然大悟。

“再看一下你的资产目录，看得出住房是你的最大资产，你现在就住在这个房子里吧？”

“是的，两年前房价上涨时买了这套住房，可后来房价并没有涨到我们的预期值，相反贷款利率却在不断上涨。”

马修教授抽出一支红色的笔，将资产目录那一栏的“房屋155万元”画去。

“从现在起你认真听我说，你最好将个人居住的房屋从资产目录中画去，房子不可以作为一种未来投资，当然房价可能会暴涨，从而给你带来差价利润，但是将自己居住的房屋作为投资对象，这是一种十分危险的想法，因为你如果选择通过房屋差价来实现自己的梦想，你将很难再进行其他方面的投资。”

“但是好多专家不都说投资房地产是理财的首选吗？”

崔小天确信这次道理在自己这边，用强硬的口气反驳道。

“我并没有说购房是个错误，而是劝你不要将自己的住房列入你的资产，当然我也不是让你卖掉现在的住房，房子为你一家人提供了温暖的居住场所，拥有一套与自己财力相匹配的住房是一件非常好的事，但是，你不能将其视为赚钱工具，指望它会给你的未来带来希望，你反倒要认清到目前为止你的房子还是一个会产生费用的资产。”

马修教授认为居住在属于自己的房子里，全家人的幸福感会更强烈，心理上也会更安定，但是如果购买的房屋超过了自己的承受能力，所要付出的代价就是高额的贷款利息、税金和维护费，表面上看起来拥有一套住房是一种投资，但是细细一分析，这项投资其实是一种最大的奢侈。

“在现实生活中，你有没有这种体会，当自己拥有一套住房后，由于没有了更多的闲置资金，基本上就很难再进行其他的投资。一般情况下很多人在贷款买房时都会将自己的未来收入也计算在内，这样一来自然就拿不出多余的钱再进行投资，稍有不慎便会沦落为房奴，每天都要努力工作来还债，一生便这么蹉跎了。”

“但是拥有一套住房是我人生中十分重要的一个目标啊。”

崔小天没有听进去马修教授的说明，继续坚持自己的观点。

“我说你这个人，怎么和你说好呢？再说一遍，你可别混淆了，我不是让你别买房子，也没说过房价会下跌，是否购买住房，购买多大面积的住房，这些都完全取决于你个人的选择，只是要记住关键一点，你要想改善自己的财务状况，在计算资产规模时最好把住房从资产目录中画去，因为我见过太多的人抱着投资目的来购房，结果反而在财务上被束缚了手脚。”

“好了，我明白了。”

事实上抵押贷款占据了房价的70%以上，因此现在也不能说房子就完全归属于自己，崔小天不得不接受马修教授的观点。

马修教授皱了皱眉头，又用红笔将汽车从资产目录中画去。

“我让你把现在住的屋子都从资产目录中画去，更何况汽车这种奢侈资产？它的确是能让你产生幸福感的奢侈资产，但你拥有房子和车子就等于背负了两个债务。还要注意一点，房子和车子可以从资产目录中画去，但却不能从负债目录中画去，因为这些是无论如何你都必须偿还的债务。”

负债，忧虑的根源

马修教授停顿了一下，仔细审视着崔小天的资产负债表。

“债务实在太多了，以我的经历来看，人们之所以会为钱而担忧，大部分都来自债务，有了债务后便会有利息，而利息又会产生新的债务，于是债务就成为一个恶性循环，由于自己克制不住对物品的占有欲，债务便会找上门来。”

“但是我看过报道说债务也是一种非常好的赚钱手段，应该是叫做‘杠杆效应’吧？”

崔小天想表达的意思是，他虽然承认债务有消极的一面，但如果加以灵活运用，也能产生出积极的效果。

“NO，绝不是这样，这是一种错误的观念，这是我生活这么多年，通过观察所得出的结论。运用债务的杠杆效应的确能获得很多利益，但是债务同样还会带来损失，所以我们不能将运用债务的投资完全看作是正确的投资，它也许能在短时间内通过债务获取利润，但是将时间段放长后，你会发现它带来的往往都是亏损。好吧，那我就按我的标准再重新整理一下你的财务状况。”

资产目录		负债目录	
退休金	20万元	房屋抵押贷款	100万元
股票	15万元	汽车分期贷款余额	5万元
储蓄	5万元	银行贷款	15万元
		信用卡欠款	1.5万元
		负债合计	121.5万元
		净负债	81.5万元
资产合计	40万元	负债–净负债	40万元

“不算房子和车子，加上退休金后，资产仅有40万元……算上债务，你的净债务达到了81.5万元，这真是太可怕了。”

双手紧紧抱住脑袋的崔小天以一种难以置信的表情抬头看着马修教授。

“我之所以做这些，是想帮你面对现实，从而为自己的未来做好准备，你是怎么想的？有没有想过你的财务状况会这么糟糕？”

“这的确比我想象的要严重得多，这段时间我也一直被钱的问题所困扰，看来自己之前还是没有找到问题的根本啊。”

两人说到这里，崔小天感觉相比见马修教授之前自己胸口又多压了一块大石头。

“但这不过才是开始，之前我也说过，这只是第一步。不要懊恼，至少这比什么都不知道、等发生更大的危机而陷入绝望之中要好很多吧？虽然目前还看不出有立即解决这么大债务的方法，但是你已经清楚地知道了自己的负债情况，这本身所具有的意义我想你现在已很明白。”

马修教授看了一下手表，从座位上站起来。

“时间过得真快，我还有好多话想对你说，可下午还有个工作安排。你大老远来我家，连午饭都没招待，真是不好意思。”

“哪里的话，我今天从教授这里学到了不少东西，就算不吃也不会饿，因为肚子里全是货，我从哪儿还能听到这么宝贵的意见？更何况还是免费的。”

“你这么想我就放心了，那么下次我们在办公室见吧，我调整一下日程安排，不用多久我们就可以再次边品茶边聊天了。”

回家的路上，崔小天的内心有一半被今天所确认的巨额债务完全吓倒，另一半则是下定决心要从现在起好好把握自己的人生，挺起胸膛勇敢地面对生活，虽然自己的面前还没有一个明确的解决方案，但是他确信自己已经走在了通往希望的道路上。

进行超出自己能力的消费就如同酒后驾车，十分危险。财务上要想获得自由首先得摆脱债务，债务是影响你生活质量的最大杀手，必须克制自己欠债也要消费的欲望。

Chapter 3
专家教你认清现实，各个击破

宋嘉成倒下去了

快到下班时间了，崔小天的手机响起来，是在冲浪俱乐部担任总务的陶志海打来的，崔小天开始犹豫接还是不接，自从上次和马修教授见过面后，他就决定减少不必要的开支，因此已经连续好几个月都没参加俱乐部的活动。在同一家公司上班的吴俊飞也因退还公司住房而伤透了脑筋，于是他俩就缺席了俱乐部的活动，要是放在过去，无论什么时候只要有活动，他们也会不远千里地跑去，但今时不同往日。电话仍在不停地响，崔小天只好拿起手机，按了接听键。

“哥，我是志海，怎么不接电话啊？”

“不好意思，刚才比较忙，有什么事吗？”

“嘉成兄住院了。”

“什么？”

本以为又是嘱咐自己一定要参加这次活动的电话，所以崔小天脑子里一直在想该找什么借口搪塞，没想到传来的竟是宋嘉成住院的消息。

“说是肺癌。”

“不可能吧？嘉成他身体多棒啊，上次我俩见面时他还精神着呢，怎么会得肺癌……”

崔小天不敢相信宋嘉成得了肺癌的事实，因为几个月前他还生龙活虎地玩着冲浪呢。

“谁说不是呢！肺癌很难在早期被发现，因此常常会错过最佳的治疗时间。”

陶志海提议俱乐部的会员们都一起去医院探望宋嘉成。虽然已到下班时间，但崔小天手头上的工作还没做完，因为位于釜山分公司的客服中心将于11月搬迁，不断有电话打到办公室，看来这次铁定要错过约定时间了。

忙完工作，崔小天匆匆赶到医院，俱乐部其他会员已经结束了探视，正准备离开，崔小天与好久未见面的会员们打了招呼，快步来到病房，发现宋嘉成已经入睡，他的妻子就守在他的病床边，见到崔小天满怀歉意地说道：“今天接待了太多访客，他有些疲劳。”

“您受累了，哥哥身体这么好，怎么会得癌症呢，哥哥身体一定会好起来的。”

崔小天的话语中流露出几分担心。

“已经是第三期末了，由于开始往周边扩散，医生说要采用手术和化疗并行的疗法……”

宋嘉成的妻子说到这里有些哽咽，崔小天劝她先吃点东西，他坐在床边看着消瘦的宋嘉成，心如刀割。

不知过了多长时间，宋嘉成挪了挪身子，睁开了眼睛，看见坐在一旁的崔小天后，有气无力地说道：

“噢……你过来啦。”

“哥哥，这是怎么回事呀？”

崔小天一把握住宋嘉成的手，关切地问道。

“现在怎么回事已经不重要了，这么忙还让你大老远跑到这里，真是过意不去。”

“客气话你就别说了，我来看你是理所当然的。”

“不管怎么说，还是谢谢你的关心了。”

宋嘉成想从病床上直起身子。

“哥哥，别起来了，就这么躺着吧。”

“不是，今天躺了一天，快闷死了，你过来扶我一把。”

崔小天托起宋嘉成的后背，帮他直起了上身。

“嗯，现在舒服多了。”

“等做完手术身体好了后，你真该把烟给戒了，我们俱乐部的人烟抽得太厉害了。”

崔小天想让他相信一切都会变好的。

“我身体好了后还能干什么？那时的家还叫家么？”

宋嘉成铁青着脸，说了一句莫名其妙的话。

“咦？你这话是什么意思？你们夫妻俩还有什么好担心的，你们可是我们这些上班族的偶像啊，夫妻关系这么和睦，孩子们又长得活泼可爱，你这么说没有道理啊。”

没等崔小天把话说完，宋嘉成就长叹一口气，脸朝着窗外，慢慢地诉说起自己的故事。

ℭ ℭ

在国外设计公司上班的宋嘉成和在大公司工作的妻子罗美丽，两人年纪轻轻就拿着高额年薪，一直是周围朋友羡慕的对象，他俩结婚不久就买了一辆中档轿车，虽然这辆车稍微超过了他们的预算，但是他们更在乎的是众人投来的艳羡目光，他们就这样带着祝福度过了幸福的新婚时光，等到有了两个孩子后，他们就更卖力地工作。

“老公，孩子们渐渐地都大了，我们换一个大房子好不好？孩子们现在也需要自己的房间。”

“这个嘛，现在房价一直在飙升，房租也跟着在上涨，要想换一个大房子得从银行贷款啊。”

宋嘉成和罗美丽两人琢磨了半天，最后决定贷款买套更大的房子。

“就这么定了，虽然现在房价这么高，但是买房子也是为今后做打算，也算是一种投资吧。”

搬完家后，罗美丽又怂恿宋嘉成为新家再添置一些高级家具。

“家里的家具已经用了5年了，我特别想在造型优雅的欧式餐桌上喝咖啡，老公你要是坐在进口真皮沙发上读报纸，也肯定更有派头。”

“好吧，既然已经贷款了，这个家该怎么布置你就说了算，趁这个机会我也换辆大一点的车，男人必须有辆好车，这样才更容易得到别人的认可，对不对？”

罗美丽为丈夫的想法拍手叫好，随后便挽着宋嘉成的手臂，一起去商场选购。

“感觉这下子真的成了有钱人，太棒了，老公，你真好。”

买完新的家具和家电后，在回家的路上，罗美丽开心地向丈夫撒着娇，一脸幸福的表情，看着妻子的高兴样，宋嘉成说自己还要办几张信用卡，准备把所有东西一下置齐了。

之后他们便忙着招待亲戚朋友来参加自己的乔迁宴席，当人们投以羡慕的眼神时，他们的幸福感便更强烈了，在所有人的眼中他俩是天造地设的一对。为了让自己的生活更显品位，他们专买名牌的东西，还疯狂地迷上了网上购物和电视购物，人们被他们的花销和表象所迷惑，羡慕地称他们为“一对家庭事业双丰收的夫妇”。

但是他们的幸福生活并没有维持多久，他们用贷款、分期付款和信用卡欠款装扮起来的富人形象，被他们所欠下的债务击得粉碎，而被他们寄予厚望的房价并没有上涨，这一切都令他们陷入极度不安之中。

“老公，这可怎么办，今天银行来电话说贷款期限到了，要我们按抵押利率的下降差额来支付本金，你还有没有其他的存款？”

“我哪里还有什么存款？咱俩光是指望着房价上涨，这些年来钱可没少花。”

宋嘉成没再说话，妻子明明知道他们两人的月薪根本无力负担这些债务和消费，却还问自己有没有别的存款，这让他很是恼火。商量了半天，两人决定将退休金先拿出来救火，但事情至此并没有结束。

“哥，你就再帮帮忙吧，你妹夫现在到了危急时刻了，哥你就再帮这一次，行不行？”

宋嘉成的妹妹是为她丈夫的企业贷款担保来的，3年前，他妹夫辞了工作开始做生意，在妹妹的央求下，宋嘉成背着罗美丽借给她25万元。事情还没结束，妹妹又为担保的事哭着找上门来了。

“我现在也很困难，上次我背着你嫂子借给你25万元，就让我很为难了，怎么这次又要我来作担保？”

“哥，我不求你还能求谁？你毕业于名牌大学，有个很好的职位，过着旁人羡慕的生活，所以我也只能找你，这是最后一次，绝不会有下次，行不行？哥……”

看着妹妹哀求的眼神，宋嘉成的心开始动摇了，思前想后好几天，他背着妻子在担保书上盖上了自己的印章。

几天之后……

“老公，这是怎么回事？”

罗美丽突然给正在公司上班的宋嘉成打来了电话。

“怎么了，什么事？”

罗美丽查工资存折时发现工资比以前少了一半，于是打电话来询问，罗美丽问他是不是写给他妹妹的担保书有什么问题，一听此言，宋嘉成火冒三丈，稍早之前家里来了一张催缴单，罗美丽发现了丈夫私自给妹夫做担保的事情，两人已经为此大闹了一场。宋嘉成让罗美丽不用管了，交给自己来处理，随即便挂掉电话，他实在也想不出自己所写的担保书有何问题。

宋嘉成急忙给妹妹打电话，可她的手机关机了，给家里打电话也没人接，给妹夫打电话也同样接不通。

“这些家伙！”

联系不上他们使得宋嘉成的火气更大，但也没有其他办法。他急忙跑到财务室，想了解一下自己工资被扣留的情况，负责工资事务的陈主任正好在那里，宋嘉成赶紧说明了自己的来意。

“你不来我还准备和你说呢，总监，我只是得到通知说你的工资被扣留了，具体什么原因不太清楚，但你可得谨慎些……”

“不会吧，连扣留提前通知书都没有，这也太突然了！”

宋嘉成算是领教到了债务追讨的厉害，谁知屋漏偏逢连夜雨，陈主任说接到公司的指示，要将个人信用尤其是金融方面的信用不良者汇报给公司上层，这些人将成为人事管理的重点对象，将来对他们的人事考核更为严格，防止个人因财务状况不佳而挪用公款。

没有问出个中缘由来，郁闷的宋嘉成来到大楼外面点燃了一根香烟，本来担保这件事就够让他头疼，却没想到在自己结算退休金时工资被扣留了，还在公司里造成了不好的影响，将来在人事考核中必然要吃大亏。

在这一系列事件的打击下，宋嘉成突然感到胸口一阵绞痛，不住地咳嗽起来，最近总是咳嗽，他以为自己可能是在换季时感冒了，没怎么在意，可今天胸口却异常疼痛。

他随后来到医院里准备拿些感冒药，医生建议他再做几项检查，没想到最后检查结果显示他有可能得了肺癌，宋嘉成就这样被转移到大医院来了。

ᔕ ᔕ

宋嘉成有些说不下去了，开始大口大口地喘气。

“哥哥，累了的话就别说了。”

“没关系，给我点水……”

崔小天倒了一杯水递给宋嘉成。

“你知道我躺在医院里什么事让我最痛苦吗？对我来说肉体上的痛苦不会持续太长时间了，可我家人的痛苦还将延续下去，我什么也没给家人留下，一想起妻子孩子要空手去面对这残酷的世界，我肉体上的痛苦反而不算什么了，你可千万别像我这样活着。”

宋嘉成虽然说话吃力，但他还是想把对自己来说为时已晚的教训告诉别人。走出病房，崔小天的心情十分沉重，他觉得自己和宋嘉成的差别并不大，虽然自己并不像宋嘉成夫妇那样痴迷名牌，或是中了网上购物和电视购物的毒，但是家里的装修和越野车也给财务带来不小的压力，自己是不是也在步宋嘉成的后尘，一种不祥感将崔小天紧紧包裹住。

往电梯方向走去的崔小天看见罗美丽呆呆地坐在走廊尽头的椅子上，他觉得应该打个招呼，便走上前去。

“嫂子，您辛苦了，哥哥一定会好起来的，要是我能帮上点忙，您尽管开口。”

崔小天知道要是表现出自己知道担保的事情，肯定会让罗美丽更加伤感，于是只是简单地打了个招呼。

“这下完了，别人都有保险，他却连一份也没有，这可怎么办啊？”

罗美丽的话里带着哭腔，的确在这种情况下宋嘉成最为需要的就是能够提供医疗费的医疗保险。

“哥哥他难道没有医疗保险吗？”

“保险只有每月250元的终身保险，虽然保险设计师劝他购买一份医疗保险，可他说自己从小到大就没怎么生病，把钱花在保险上纯属浪费，对此不屑一顾，后来我也再没提保险的事，但谁想到会突然发生这种事，现在后悔也来不及了。”

罗美丽的眼泪扑簌簌地往下掉。

崔小天也不知该如何安慰，只是呆呆地望着她。

“万一我也和嘉成一样得了大病，所有的债务不都转嫁到家人身上了么？”

从分期付款的甜蜜中清醒过来

带着对宋嘉成的担心和对自己前途的不安，崔小天一晚上几乎没怎么睡，他比平时提前一个小时来到了公司，在大厅里看见张明镜总监朝自己走来。

“早上好，总监，您来得真早啊！”

“你好，不对啊，你今天怎么这么早上班？”

张明镜望着崔小天，眼神里充满了疑惑。

“这个吗？凌晨时分就醒了，既然睡不着就干脆起床了，总监您也来得够早的啊！”

“我嘛，基本上都是这个点到公司，早点起来干工作，这样工资也拿得心安理得，是不是？”

“是，是这样的。”

担心总监接下来会指责自己总在9点钟才进入办公室，崔小天装作没听见部长提出一起喝咖啡的邀请，径自走入办公室，习惯性地打开电脑，开始上网浏览新闻，一则报道吸引了他的注意。

我国的信用卡消费金额已经从2003年的81亿元猛增至2007年的125亿元，短短4年时间增幅超过了50%，汽车分期付款的欠款额同样从2000年的160亿元增长至2006年末的320亿元，住房抵押贷款的欠款额在2004年末为8490亿元，到了2007年末达到了10850亿，增长了2360亿元。

“信用卡，汽车分期贷款，住房抵押贷款……这些都和我有关啊。”

看着眼前的统计资料，崔小天不由得长叹一口气。

“怎么了，年轻人怎么一大早就唉声叹气呢？”

张总监递来一杯咖啡。

“哦，没什么，我在看一篇报道……”

大致浏览了一下电脑上的报道后，张总监拽过一把椅子，坐了下来。

“你最近几天怎么老是愁眉苦脸的，是不是有什么烦心事？”

张总监带着猜测的语气问道。

“也没什么……”

崔小天便把宋嘉成的故事说了出来。

滥用信用卡相当于酒后驾车

“听你这么一说，你的这位朋友麻烦大了，他深受社会上流行的消费观念的毒害，现在社会上出现了一些被称为‘月光族’的年轻人，到了月底他们的当月工资会全部被花光，而整个社会也在鼓吹着‘人生只有一次，不让自己后悔’的消费观念，在一种从众心理的支配下，人们根本不会考虑信用卡和各种债务所产生的利息，整天热衷于贷款消费，用分期贷款或租赁的方式购买汽车，由于身上没有积蓄，一旦缺钱，便会陷入经济泥潭中，最后让钱主宰了自己的生活。”

“背负债务来消费肯定有问题，可是信用卡能提供无息分期付款业务啊，它还能免除我们携带现金的不便，这不挺好的吗？”

记得有一次公司会餐时，张总监说过他没办过一张信用卡。

“用信用卡来进行超出自己能力范围的消费，就好像喝醉了酒还要开车一样，十分危险，由于看不到钱从自己的手里出去，就很难控制住自己的购物欲望。从严格意义上说，用信用卡购物也是一种负债行为，就像你所说的那样，无息分期付款似乎是让自己获了利，但是它在鼓励超前消费，最终我们的人生都会被提前透支。”

张总监的话让崔小天想起自己在几个月前用分期付款买了一台

跑步机，由于是10个月的分期付款，至今仍未还清，每当妻子看见交款通知单，就会啰嗦个不停，责怪他放着环境那么好的小区公共健身设施不利用，非要在家里锻炼。

“用分期付款来购买名牌皮包或出国旅行，进行一些与自己实力不符的消费，不仅你那位朋友是这样，我们周围很多人也如此。在自己能力还不具备的情况下就能得到自己想要的东西，这正是我们社会的失误之处，而正是这种社会氛围造就了一批依赖分期付款生活的人们，光是这部分债务就是一个庞大的数字，一旦债务开始累积，它就会以极其可怕的速度增长，人们便成为钱的奴隶，很难再有翻身机会。”

听完张总监的话，崔小天又叹了口气。

“这样吧，我给你看样东西。”

张总监回到自己座位上，手里拿着一个文件夹来到崔小天身边。

“你看一下这个，这是我做的剪贴报。”

张总监打开文件夹，各种新闻报道被他剪下来贴得整整齐齐的，都是些与经济相关的报道，张总监把其中的一篇递到崔小天的面前。

住在首尔冠岳区的李大强一到每月的发薪日便犯了愁，他在一家大型企业工作已有10个年头，除去奖金每月的收入是17500元，但是他却说自己过的是“分期付款生活”，每月的工资在七扣八扣后，仅剩下两三千元。

首先信用卡的还款额为5000元，4000元是在折扣商场的花销以及汽油费，剩余1500元是42英寸LCD电视的分期付款，5月份他用信用卡以6个月分期付款的方式购买了这台总价为7500元的电视。李先生说“当时正好用10个月分期付款方式购买的床已还完贷款，7年前购买的背投电视由于画面质量不好，所以一直在考虑要不要换台新的，后来在一家折扣商店对商家标出的最低价动了心，就下决心买下了”，李先生付了3500元的现金作为首付，剩余4000元采取分期付款的方式，根据首付积分制，以后再使用信用卡结算的话，里面的积分就可以被计算在内，李先生在6个月内要支付分期付款利息300元，如果用现金或一次性结算来购买，价格为7500元，采用分期付款的方式则为7800元。

除了这些大大小小的信用卡欠款外，固定支出费用也占很大比重，去年用三星信用卡以36个月分期付款的方式购买了一辆10万元的汽车，每个月连本带息偿还3700元，这其中利息共计33200元。

李先生两年前以生活资金名义向公司借了5万元，每月连本带息会自动从工资中扣除1500元，每月的利息也达到165元。4年前为了买房从银行贷款35万元，每月连本带息的还款额为4000元，其中仅利息就达1050元，而这已经是当时最低的年利率了。

除此之外，李先生还得负担手机费、固定电话费、电费、燃气费等费用，最终上个月工资卡上仅剩下2000多元，李先生于是发起牢骚："每当要更换车、床、电视、沙发这些大件物品时，现金总不够用，只能以分期付款的方式来购买。""现在不用分期付款来买东西，简直没法活了。"

李大强的8月份支出明细

项目	实际明细单（1）	（1）中的分期付款利息
电视分期付款	1500元	50元
信用卡消费欠款	4000元	0元
汽车分期付款	3700元	920元
生活资金贷款还款额	1500元	165元
住房贷款还款额	4000元	1050元
通信费、税金等	1250元	0元
合计	15950元	2185元

——2007年10月13日《每日经济》

“怎么样，看到这些数字是不是有些发蒙？其实很多人的财务状况和这篇报道上的主人公十分相似。”

张总监接着说即使是月收入超过3万元的高收入者也会因贷款而勉强度日，20多岁只知贪玩和消费名牌，30多岁时要买房，40多岁时会热衷于课外教育，这些都让我们只能依靠分期付款和贷款来度日。

“我们真的要十分小心这种鼓吹提前消费的风气，打起十二分精神，因为我们在一个小时内花的钱往往要比挣的钱多。因为有了分期付款，中产阶层主妇为了满足虚荣心会背着丈夫购买珠宝、奢侈品，丈夫会一咬牙买进口车，从他们做出这些决定的那一刻起，他们的生活便被债务牵住了鼻子。”

虽然不是珠宝和进口车，崔小天的支出也明显超过自己的承受范围，他回想起上次和马修教授见面时，当他发现自己的净资产不过才86.5万元，几乎要当场晕倒在地，崔小天的内心又开始不安起来，只不过这一次不是因为宋嘉成。

债务，影响生活质量的最大杀手

约见马修教授并不是想象中的那么简单，身为亚洲区总裁的他频繁往来于日本和香港等地，很难挤出时间。崔小天开始焦躁不安起来，心想不管怎样都得和马修教授见上一面，听听他的具体实施方案。在和马修教授的秘书通过10多次电话后，他终于得到了一个见面机会，由于还是上班时间，不能轻易离开岗位，于是他就找了个孩子生病的借口提前离开公司，马不停蹄地来到了马修教授的办公室。

崔小天对马修教授讲了宋嘉成的事，说自己通过这件事也明白了很多道理。

“教授，那么现在我该如何去解决我的财务问题呢？”

崔小天急得像热锅上的蚂蚁，而马修教授的表情却十分平静，拍了拍崔小天的肩膀。

“答案其实非常简单，消除债务。但在消除债务之前必须先做一件事，那就是为了不再产生新的债务，需要将漏洞堵上，为了不让自己内心产生即便负债也要买东西的消费欲望，做到这些需要一些智慧和技巧。因此你下一步要做的事情就是了解自己的负债情况，然后一一清算，我见过太多的人因为清算完债务而变成了富人。归根到底，理财的根本就在于‘在最短的时间内消除债务以及不再产生新的债务’，你要是真的不想成为钱的奴隶，先要认识到自己的财务问题不是他人而是自己的责任，之后你便什么都不用考虑，只需将全部精力放在债务的偿还上。”

“这好像并不简单啊。”

理财的根本在于“在最短的时间内消除债务以及不再产生新的债务”，崔小天完全赞同这句话，但是要自己马上去消除这些债务，他还一时不知如何下手。

“最开始谁都不知该如何下手，这样吧，我让你了解一下债务会给今后生活带来多大的痛苦。”

马修教授打开笔记本电脑，把显示屏转到崔小天的视线方向。

“这张表是你现在的负债目录，是你上次填写的，拜这些债务所赐，你比你的父辈们更轻松地得到了房子和车子，以及从银行贷款的机会，但是这个世界没有免费的午餐，你所付出的代价就是每月要将7000多元返还给借你钱的债权人，一年下来就是8万多，你的年薪是多少？”

“25万元左右，对了，还要扣除税金，这样就剩下20万左右。”

“这样的话，不算本金，光是利息就占据了你年收入的40%，要是按10年期限来偿还本金，每年就要还15万元，这样连本带息算下来，你一年的收入都不够还债，光是想想都会让人不寒而栗。要想获得财务上的成功，最为强劲的一件武器就是你的年薪，可现在你的这件武器却在债务面前完全发挥不了作用。”

负债目录	负债金额	年利率	月负担利息	年负担利息
住房贷款	100万	7%	5833	70000
汽车分期贷款余额	5万	13%	542	6500
银行贷款	15万	10%	1250	15000
信用卡欠款	1.5万元	14%	175	2100
合计	121.5万		7800	93600

（单位：元）

崔小天说不出话来，死死地盯着马修教授所展示的这张表。

“至此，你可以试着对你的债务一一分析，你为什么会有这笔债务，这笔债务中存在着怎样的陷阱，如果你搞不清楚这些，即便你偿还完所有债务，还会再次落入陷阱中。你现在共有四类债务，住房贷款，汽车分期贷款，银行贷款和信用卡欠款，没错吧？”

"对，没错，听您这么一说，我才发现我竟然有这么多的债务。"

崔小天感到脸上微微发烫，有些坐立不安，见此情景，马修教授让秘书端了下午茶进来，崔小天喝了些东西后，情绪稍微稳定下来。

住房贷款：30%原则

"现在我们来逐一进行分析，你对'住房抵押贷款'怎么看？"

喝了口水润润嗓子的马修教授调整了一下坐姿，开始正式提问题。

"有了债务肯定不是好事，但在我看来，在所有债务中它算是比较好的了，因为用住房来作抵押，与其他信用借贷相比，它的利息比较低。"

"我来到这里后，发现这里的人们对于住宅和房地产有种特别的感情。在这里，个人所拥有的房地产和金融资产的比例为4：1，人们所拥有的房地产是金融资产的4倍，而在美国这个比例为4：6，金融资产要超过房地产，其实从世界的范围来看，韩国人的房地产持有比例也算是一个特例。"

"是么？我原以为无关乎国家因素，拥有一套住房是人类的基本需求……我还真没想到会是这样。"

马修教授指出韩国人对房地产的这种执着是造成房地产投资热

持续30多年不降温的一个原因，拥有一套住房对于韩国人来说是人生的最高目标，为此人们会将自己大部分的收入都投进去，但很多时候人们却因为偿还贷款而束缚住了自己的手脚。

“假如韩国的房地产价格暴跌，或是你突然丢了工作没有了收入，你所要面对的财务危机要比现在严重得多。如果为形势所迫，你不得不使用住房抵押贷款，那么连本带息还款额不能超过你月收入的30%，一定要牢记这点，超出你支付能力的住房抵押贷款最危险。以你现在的年薪偿还房贷还比较吃力，这是一个必须解决的问题。”

马修教授将表中住房抵押贷款的月负担利息5833这个数字用红笔圈起来，以示强调。

“面前的这个数字非常吓人，这是你当初只想着房价上涨而犯下的错误，如果房价不但不涨，利率反而上升，你将要承受多么大的负担！”

此前崔小天每月要拿出5000多元来支付住房贷款利息，这对他的确是个负担，但是他始终坚信总有一天房价会上涨，到那时他就能获得更多的回报，可经马修教授这么一说，他意识到自己毫无依据地迷信房价上涨显然是对未来的局势估计得过于乐观。

“哈哈，是不是这样？假设某人像你一样也期待着房价上涨，购买了一套150万元的房屋，其中50万是自己的钱，另外100万从银行贷款，为此每月要支付5000元的利息。他只是一个普通的上班族，每月的收入就是工资，在要偿还利息的情况下，他不可能再进行其他的投资，但如果房价与他期望的相反，在10年后下跌了33%，这会导致什么后果？”

崔小天的表情表示他十分想知道这种假设的结果，马修教授在白纸上画了个“0”。

“零，他的房子变成了一个罐头盒，那时候房子的价值是100万，而这100万正好是银行的贷款。”

“这也太残酷了吧。”

崔小天的脸上没有任何表情。

“你这家伙，看来你还在犯糊涂啊，你知道比房子变成罐头盒更残酷的是什么吗？每月支付5000元利息，10年后你知道有多少吗？60万！如果将这笔钱投入到年收益率为10%的共同基金上，就能收获100万元，本来可以通过运作在10年后获得100万元，但很可惜，原来的50万本金加上100万的机会收益，总共150万就这么蒸发了。在韩国，房地产投资的风险会一直存在，因此将赌注全部押在一套房子上，实在太不应该了。”

诱惑和误区 **住房贷款是一种不错的投资，因为用住房作为抵押，利息相对较低。**

理财建议 **超过你本人支付能力的住房贷款会影响你的财务稳定性，正确的做法是每月连本带息的还款额不能超过自己收入的30%。如果可能的话，尽量在短时间内将此项债务还清。**

买车，三思而后行

“下一个是汽车分期贷款。刚才听你说宋嘉成用租赁的方式给自己配了一辆高级轿车，那么你对分期付款和租赁这两种方式怎么看？”

“可能我的想法又要被教授骂，在我看来如果不使用分期付款和租赁，像我这样的平民百姓就不可能买好车，再加上现在哪有人会一次性付清全部车款？”

崔小天一下子来了精神，觉得自己这话说得没有一点毛病。

“很好，把自己的想法真实地表露出来，这一点非常重要，你这次见我的目的也不是专挑好听的说给我听，其实我以前也和你想的一样。”

“两年前我用分期付款方式买了一辆汽车，现在还剩一部分余款。由于最近又上市了不少新车型，所以我老惦记着换一辆新车，正好今年年薪又涨了8%，比之前多了2万元，于是就动了这个心思，可我爱人坚决反对，说好好的车为什么老换来换去，我就劝她说趁现在这辆车还挺新的时候卖还能卖出个好价钱，可我们到现在意见也没统一，实在搞不懂我爱人怎么一点不通人情。”

“哈哈，你夫人其实是在阻止你掉入债务的恶性循环，之前我给你说过‘克尔维特’的故事吧，我也是爱车一族，但是从前分期付款的日子却令我不堪回首，不考虑自己的经济实力，用租赁或分期付款的方式弄来一部汽车，这种行为等于断送自己的致富之路。”

“所以我是在自己年薪多了2万的情况下，才产生了换购新车的想法。”

崔小天认为这项支出并没有超出自己的能力范围，他带着疑惑的神情望着马修教授。

“无论是分期付款还是租赁都会给家庭开支带来很大的负担，假设你在没还清当前汽车贷款的情况下，又用年薪多余部分以分期付款方式购买了新车，分期付款额暂定为每月2000元，期限是60个月，由于你在3年不到的情况下因为又用分期付款购买了新车，汽车分期付款还款额便成为你一辈子都要背负的负担。如果你在30岁到60岁的30年间，每月缴纳2000元的汽车分期付款，这就等于用72万元的资金买来一辆车，要是你这一辈子每月都拿出2000元用于支付车贷，你就丧失了同等数额的投资机会，因为这些钱如果投资在年收益率为10%的共同基金上，你在60岁时就能拿到434万的巨额退休生活资金……”

每月投入2000元，30年后的还款额竟然达到72万元，但更令人吃惊的还在后面，如果将这些钱投资在共同基金上，投资回报会超过400万元。

“一辆新车就这样让巨额退休生活资金不翼而飞了，你会用汽车来交换自己的退休生活资金吗？在美国很多有钱人的车都与自己的资金状况相符，并且车辆会使用很长时间，这便是他们财务上获得成功的秘诀。”

“听完教授的一席话，我方才发现自己目光的短浅。”

崔小天虽然还想辩解一番，却苦于找不到更合适的理由。

诱惑和误区 **汽车的分期付款制和租赁制是一种让人们以低廉的价格购入好车的高级金融营销手段。**

理财建议 **大部分有钱人对待汽车这一问题，都会选择购入与自己资金情况相符的汽车，并且会使用很长时间，这便是他们成为有钱人的秘诀。**

信用卡分期付款：挖个陷阱让你跳

“这就好，很高兴你能真心接受我的观点，下一个是‘信用卡欠款’吧？”

“是的。”

一提到信用卡，崔小天立即想起张总监曾经和自己提过“分期付款的人生”，这次他非常想听听马修教授对此有何高见。

“我先提个简单的问题，3个月的免息分期付款是否要好于用现金直接购买？”

“那是当然，现金攥在自己手上，不是还能产生3个月的利息吗？”

“利息有多少呢？问题的关键是商家会以此为诱饵，怂恿你进行一些不必要的消费，他们的营销战术实在太厉害了，信用卡公司不断对那些消费能力有限的大众灌输这样一种观念，赶紧用一张卡片来享受购物、餐饮、校园游的乐趣吧，于是被这些宣传语所蛊惑的人们一到周末，就会跑到大型购物中心去血拼，带着孩子往来于各大院校之间。”

“可是使用信用卡的确能享受到减税的优惠，而且用卡里的积分还可获得折扣。”

崔小天虽不赞成滥用信用卡，但是他想说明只要正确使用信用卡，还是可以从中获得实惠的。

“如果是财务上还达不到独立的人认为使用信用卡可以获得折扣，这将十分危险，所谓的优惠都不过是信用卡公司玩的小把戏而已，实际上信用卡存在的最强大的理由就是要制造债务，试想一下，如果你没有信用卡，你还会像现在这样采购这么多东西，欠下一屁股债吗？正是有了信用卡在背后撑腰，我们来到商场后才会放开手脚大肆地采购。”

“这倒也是，我爱人平时可精打细算了，可一到商店，就忙不迭地朝购物车里塞东西……因为超过了一定金额就可以享受到免息贷款的优惠，所以经常会为了凑够金额把一些暂时用不上的东西也买回家。”

崔小天打算一回家就向妻子讲解在使用信用卡上存在的误区。

“这种无意识的冲动消费堆积在一起便转化为大额债务，重压在你的肩膀上，信用卡消费欠款一旦成为我们生活的一部分，我们便会对钱失去信心，过着没有财务规划的生活，最后我们会为了偿还利息和贷款而疲于奔命，离我们美好的梦想渐行渐远。”

马修教授特别强调，如果人们借钱来满足自己对汽车或名牌的消费需求，那么随着时间的推移，汽车和名牌的价值会荡然无存，剩下的只有一堆债务，在继续蚕食着我们的未来。

马修教授在说话的过程中，崔小天的脸越来越红，他之前只是觉得自己过多的支出会带来一些债务，却没想到自己的消费观点是完全错误的，但唯一让他感到安慰的是，他现在已经清醒了，以后不会轻易地落入商家的圈套了。

诱惑和误区 3个月的免息分期付款要好于用现金直接购买。因为手中的现金可以创造更多的利息。

理财建议 3个月的免息分期付款绝不可能让你变成富翁，相反，这种观念会让你陷入消费陷阱。并且使用3个月免息分期付款的人，大多数由于不能在规定的期限内还清贷款，会拆东墙补西墙，为了偿还这笔债务，欠下其他债务。

债务的杠杆效应：风险远大于回报

“最后一项债务是什么？”

“银行贷款，实际上我贷款的目的是为了投资股票，贷款额为15万元，1年要负担15000元的利息，但如果股票能产生30%的收益，就能收入45000元，在偿还完利息后还剩30000元，因为自己资金周转比较紧张，所以总觉得该做点什么。”

话虽这么说，此前他由于过早地抛售海星生物的股票，损失非常惨重，现在他也开始怀疑这种投资方式是否明智。

“你所说的是债务的杠杆效应，韩国男性，尤其是三四十岁的人会背着家人开设一个股票账户，用股票来挣零花钱，但是股票投资最基本的原则是要使用闲置资金，而不是借钱来炒股，借钱炒股可能会让你尝到甜头，但稍有不慎便会酿成一杯苦酒，表面上看是‘用别人的钱来挣钱’，但实际上借钱投资会带来投资和利息的双重损失，一般来说成功的例子很少，如果你不是职业投资人，聪明的做法是赶紧停止这种举债炒股的行为。”

“即便你不说，我现在也后悔得要命，因为是拿带有利息的贷款来投资，心情非常急躁，这也会影响我自己在股市中对时机的判断。”

崔小天违背了“投资必须使用闲置资金”的投资原则，为此他要付出相应的代价。

诱惑和误区 **利用债务的杠杆效应可在短期内获得高回报。**

理财建议 **债务人成为债权人的奴隶，债务的危险性要远大于从债务的杠杆效应中获得的收益。抛弃“用别人的钱来挣钱”的愚蠢想法吧，请牢记投资必须使用闲置资金的原则。**

“怎么样，你对于你的四类债务有何想法？”

“之前的我对于债务真是一无所知，我所欠下的这些债务使得我的退休生活资金都打了水漂，真是痛心啊！”

马修教授说得没错，每月存入2000元，一直存30年，最后就能获得400万元的退休生活资金，要是把2000元换成现在每月用于支付利息的7800元，30年后将是一个多么可观的数目啊，这么一算，崔小天就像泄了气的皮球瘫坐在椅子上。

“你不要太灰心了，将所有债务清零后重新出发，你还是能成为有钱人的。”

“但是该如何偿还这些债务呢，我脑子里一点概念都没有，以我目前的这种状况想在短时间内还清债务简直就是天方夜谭，钱根本不够还债，您能不能给我一些具体的指导？”

崔小天很诚恳，眼神中却同样难掩焦急。

成为有钱人的第一步——建立预算

崔小天和马修教授之间的对话逐渐变得越来越坦诚。

“哈哈，这也是我接下来想和你说的内容。为了还债，首先要减少支出，光想不做是不行的，对于昨天还在兴致勃勃地用信用卡进行消费的人来说，今天就勒紧裤腰带度日，的确是件很难办到的事，因此我们要有充足的思想准备，建立起家庭的月度预算。”

“月度预算？”

家庭的收入和支出不外乎就那么几项，扳扳手指头都能算清楚，崔小天实在搞不明白有何必要去建立月度预算。

“是的，我们只对那些必需的开支做月度预算，从而保证我们的开支都在预算范围内。预算做好后，它能够提醒我们只进行一些必要的支出，打消我们冲动消费的念头，这么做的目的是将有限的资金用在刀刃上，但是这也不能只凭一己之力，最好的方法是夫妻俩共同协商拟定出下个月的预算，写在纸上，摆在家中的显眼位置。请必须牢记一点，预算外的支出是绝对不能容许的。”

“可是拟定了支出预算，然后按照预算来生活，这岂不是成为钱的奴隶？整日生活在条条框框下，不允许自己有丝毫的快乐，这样的生活和奴隶没有什么区别吧？”

崔小天无法理解这样的生活还有什么意义。

“你一直理解得不错，可现在你这么说却让我有些失望，我问你，预算是谁定的？”

马修教授失望地看着崔小天。

“当然是我定的，是和妻子商量后的结果。”

“按照自己制定的规则来行动就不能称之为奴隶的生活，反而是一种真正自由的生活，通过制定月度预算，每项开支都被规定了具体的额度，这等于是给钱贴上标签，让钱服从你的命令，这样钱就绝对不会不听你的使唤而跑到别处，只有将钱牢牢控制住，你才能真正主宰你自己的生活，现在你明白我的意思了吧？”

“明白了，我的想法还是太简单。”

崔小天表示认同马修教授的解释。

“没关系，这不才刚刚开始吗，承认自己在财务上遇到困难并下决心去改变，这才是最重要的。你上次已经把自己的财务状况写出来了，在了解完自己的财务实力后，紧接着就要建立财务目标，首先要清除掉阻止目标达成的最大障碍——债务，为了财务目标的实现要制定收支预算。”

“但我总感觉无处下手，我的开支一直以来都没有预算……”

由于他之前从未对自己的收支做过预算，现在突然让他做月度预算似乎有些难为他。

“你不必将预算想得过于复杂，用家庭账簿或excel软件将你的支出设定在与你的收入水平相符的范围内，然后在实践中按照这个目标执行便可。”

马修教授说他曾看见许多成功人士遭遇失败就因为一条，他们每年会将几千个小时的时间用在赚钱上，却不舍得拿出几个小时来考虑将钱用在哪里，教授再一次强调了资金管理的重要性。

“很多人一提到理财，观念中就会倾向于把钱交给可带来丰厚回报的投资公司来管理，但比投资更重要的是，我们事先要养成一个妥善管理自己资金的生活习惯，也就是说预算的制定和执行才是理财的精髓。如果你的年收入为20万元左右的话，通过40年的工作，800万元的巨额资金就会从你手中经过，这就等于为你提供了成为富翁的可能性，而且要是这笔钱能得到妥善管理，800万元甚至可以增长几十倍到几百倍，可如果你现在花起钱来还是那么随心所欲，重复着别人的老路，那么当你把这些钱全部花光后，步入没有经济来源的老年阶段，你就会变成身无分文的穷光蛋。”

崔小天简直不敢相信自己这一辈子从手中流过的钱竟然有800

万元，更令他吃惊的是，这笔钱要是好好管理的话，还有可能增长几十倍到几百倍。

“教授，怎样才能管好这笔钱呢？当然我会按照教授所说，今天一回家就制定月度预算，但是只凭月度预算就能做到这一切吗？要想走上致富之路恐怕还得有其他特殊的方法吧。”

崔小天的脸上还是带有些疑惑，身子朝马修教授靠了靠。

“哈哈，人们都想知道快速致富的方法，可实际这种方法根本不存在，但要想成为有钱人，必须遵守‘支出少于收入’的原则，不能背负着债务生活，在做好预算后，就算勒紧裤腰带也不能超支，将每月剩余的钱拿来储蓄和投资就是一条致富之路，当然，成为有钱人的方式还有很多种，但是其他方式都不及管理自己的收入来得简单有效。与其做着彩票中大奖的白日梦，不如就从现在做起，一步一个脚印地去接近自己的目标。”

“听了教授一席话，我真的对节俭致富产生了足够的信心。”

崔小天边点头边说出了这句话。

“哈哈，是么？那我再问一个问题，你现在有多少张信用卡？”

“我好像有5张，还有几张不怎么用的，被我放在了抽屉里。”

“那么今天你回家后把这些信用卡全部注销，再用剪子剪断，当然也包括你爱人的信用卡。”

马修教授的话让崔小天大吃一惊，他完全明白教授不想让自己使用信用卡的意图，但是考虑到自己有时身上现金不够，是否应该留下一两张以备不时之需，崔小天说出了自己的想法。

“在还没有获得对钱的主动权之前，你绝对不能有这种软弱的想法，因为你的财务状况已经很糟糕了。如果实在不方便携带现金，可以使用只能提取账户余额的借记卡，你现在正处在与债务展开生死搏斗的阶段，在未能很好控制自己的债务之前，绝不可以使用信用卡，要知道不付诸具体行动的决断不会产生任何效果，你能保证做到这点吗？”

“好吧，我尽力，但是教授……”

崔小天虽然咬牙答应了，但转念一想，自己怎么着也得保留一张卡，于是又开始说服马修教授：

“不行啊，我突然想起万一我的家人生病急需用钱怎么办。要是信用卡全部被注销，剩余资金也被用于偿还债务，那我还怎么去应付这种突发情况？为防万一，在抽屉里放入一张作应急之用的信用卡也不为过吧？”

马修教授认为给自己准备应急资金的想法很好，但是他不同意将信用卡的透支金额作为应急资金。

“好吧，正如你所说，我们的生活到处都存在着不可预知的变数，所以在偿还债务时也要采用一些巧妙的方法，我现在就告诉你‘偿还债务的70：30法则’。”

第二步——偿还债务的70：30法则

“70：30指的是收入的70%用于日常开支，剩余的30%用于还债？”

“你说错了，70：30指的并不是全部收入，而是指剩余资金，打个比方，某个家庭的月收入为2万，通过制定月度预算发现无论怎么节省，每月的支出一定为15000这个数目，这样一来剩余资金就为5000元，再将这5000元按70：30的比例划分，3500元用于偿还债务，剩下的1500元便当作储蓄。”

“但是如果把这5000元都用在偿还债务上，不是能更快地从债务中解放出来吗？”

崔小天反问道，似乎还是不太理解。

“你这么想我一点也不奇怪，实际上有很多人也是这么做的，但是由于开支被严格控制，剩余资金也全部被用来偿还债务，这就等于一个月下来自己身无分文，如果这种状况一直持续好几个月，最后十有八九会筋疲力尽，赚来的钱马上就拿去还债，心里不禁产生‘我是为何而活’的疑问，从而逐渐失去对自己本职工作的兴趣，如果在这时突然发生你所提到的那种情况，比如家人手术急需一笔资金，那么就只能选择信用卡借贷或私人贷款，至此，之前所付出的努力都将化为泡影。”

“您说得很对，但每个月只将剩余资金的30%作为储蓄，这点钱能解决问题吗？”

“这些钱就是本金，随着本金的规模日益增长，你的自信心也会逐渐恢复，而自信心能够让你驾驭金钱的能力变得更强，70%用于债务偿还可使负债规模逐渐缩小，30%用于储蓄可使本金规模日益扩大，如此一来，恶性循环便被一刀斩断，财务状况就逐渐步入良性运转的轨道上来。”

第三步——彻底的结构调整

崔小天仔细地听着马修教授的讲解，觉得自己的前方已经出现希望的曙光。

“现在要考虑一个问题，你何时能还清这所有的债务。”

崔小天也急于知道这个问题的答案，他调整了一下坐姿，顺着教授的手指方向注视着统计表。

“在你的债务中，用来做股票投资的银行贷款可以通过卖掉股票的方式来解决，其他债务都列在上表中，如果你通过预算能确保每月有3500元的剩余资金用于偿还债务，那就从金额较少的债务开始吧。”

“不对吧，为什么不从利息产生较多的债务开始呢？”

负债目录	负债金额	年利率	月负担利息	每月连带息还款额	最短还款期限	累积还款期限
信用卡欠款(1年内还清)	1.5万	14%	175	1425	4个月	4个月
汽车分期贷款余额(5年内还清)	5万	10%	5000	1925	8个月	12个月
住房贷款(20年内还清)	50万	7%	2800	5000	42个月	58个月
住房贷款(20年内还清)	50万	7%	2800	5000		
合计	106.5万		10775	13350	–	–

（单位：元）

崔小天有些惊讶，按照正常人的思路，为了少付利息，应该首先偿还那些会产生大额利息的债务。

“以理性的角度来分析，首先偿还利息较多的债务无疑是正确的，但从现实的角度来说，将小额债务作为突破口才是短期内还清所有债务的一个诀窍。”

“哦！”

马修教授的解释让崔小天点了点头。

“我们这就来计算一下！通过预算我们保证了3500元的还款金额，加上每月1425元的信用卡分期付款，这样每月我们就有4925元来偿还第一笔债务——信用卡欠款，大约需要4个月的时间便可还清。接下来我们再将4925元的还款额加上每月1925元的汽车分期付款，用6850元来粉碎第二个债务——汽车分期贷款余额，大约8个月后这笔债务也被还清，你在一年内便还清了除住房抵押贷款之外的所有债务。之前我们也提到了，住房抵押贷款的每月连本带息还款额达到了10000元，这相对于你的收入是个很大的负担，因此我们暂且放着50万元不动，首先偿还其中的50万元，6850元加上50万元的5000元每月还款额，用11850元可在42个月内连本带息还清50万元的债务，住房抵押贷款的还款期限原为20年，如果你有尽快还清所有债务的决心，你就能用3年半的时间偿还一半的房屋抵押贷款，在实施债务清算计划的5年时间内，除50万元住房抵押贷款以外的所有债务就这样被清除了，并且每月还有11850元的剩余资金可做其他投资，看好了！如果5年后你将这每月11850元投在了年收益率为10%的共同基金上，知道20年后你的退休生活资金会是多少么？不要怀疑你的耳朵听错了，是800万元。”

真是令人叹为观止的计算方法，崔小天不禁啧啧称奇，但情绪突然间又低落下来，开口说道：

“马修教授，我脑子里大概估算了一下自己的开支，每月根本不会有什么剩余资金，无论我再怎么紧缩财政，恐怕你所说的‘70：30法则’对我还是不适用，这种情况我该怎么办？”

“这基本上是由于债务过多造成的，这个时候你就必须对你的家庭财产结构进行调整，这就像在亚洲金融危机时很多韩国企业所进行的结构调整一样，你必须处理掉那些对你和你的家人来说属于非必需性和非效率性的资产，用得到的收入来偿还债务。”

“是吗？将它们处理掉？这是怎么一回事？”

将资产处理掉的说法让崔小天很困惑。

“比如更换你现在所拥有的住房和汽车，让它们与你的经济实力相吻合，这样多出来的钱就可以偿还很大一部分贷款，每月还款额和利息负担也会大幅减少。虽然你现在住在大房子里，开着好车，但你却是钱的奴隶，这倒不如现在成为钱的主人，等日后有了一定实力再去购买大房子好车子。还有一点很重要，就是要增加你的基本收入，也许你会因为面子问题而不愿意这样做，但是以你现在的收入所省下的钱完全不足以偿还债务，因此很有必要利用下班时间来增加自己的收入。说到这里，我想我解释得够清楚了吧。”

“是的，非常感谢，说老实话，我很清楚日后的生活将会十分艰苦，但是我不会气馁，为了将来更美好的明天我必须坚持下去。”

当自己不再执着于大房子和好车，崔小天的内心反而充实了许多，他觉得自己有信心处理好目前的一切。

“对了，你有医疗保险和财产保险吗？”

马修教授收拾起笔记本电脑，突然抛出了这个问题。

“哦，这些我都没有，我现在身体还可以，估计今后几年也没啥毛病，孩子还小，没到考虑身体健康的时候，我爱人也说吃好睡好就是补药，觉得没必要把钱花在医疗保险上，说白了，要是没有享受到医疗保险带来的好处，那么保险钱不就白花了吗？”

“哈哈，心疼保险钱是可以理解的，但是谁能保证类似宋嘉成的遭遇不会降临到自己头上？家庭成员如果有人突然得了大病或是受到伤害，如果没有保险那麻烦就大了，如果你在还债过程中遭遇此事，可能还会因此而背负更重的债务噢。”

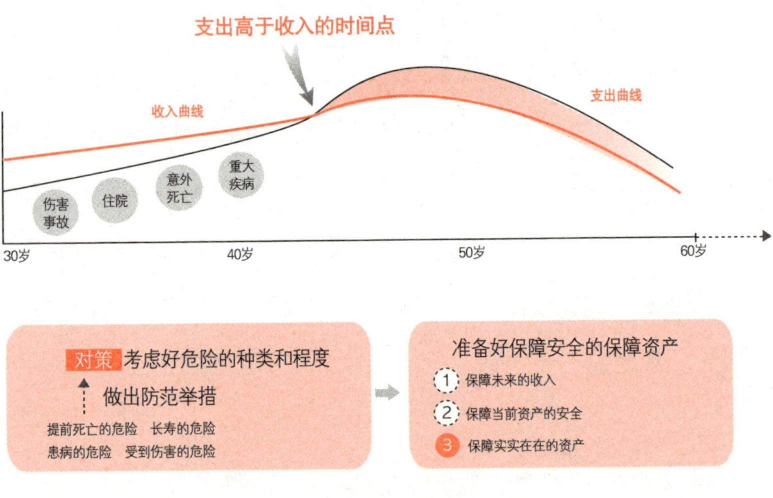

这么一说崔小天心里没了底，假设自己勒紧裤腰带总算把财务

状况拉到正常轨道上，要是真发生了这种事，这就等于是一块大石头砸在自己脑门上，又把自己打入十八层地狱。

“还真是这样，我自从见了宋嘉成之后，一直都没缓过劲来，我回去要和老婆商量一下，一定得买份医疗保险。”

“你今后在买保险时肯定会对保险有更深入的了解，但我可以事先告诉你，所谓的保险就是能够应对突发情况的保障资金，我们趁年轻时要及早购买只花小钱却能解决大问题的保险，将你总收入的5%~8%投资在医疗、伤害、癌症、终身型等各类保险上，有了它们，即便是疾病和伤害也很难夺走你和你家人的幸福。”

贪心会招来无妄之灾

回到家里的崔小天坐在了饭桌旁，好久没和家人一起用餐了，他微笑地注视着正在给孩子剔鱼刺的妻子。

“怎么了？我脸上有东西吗？”

几天来一直眉头紧锁的崔小天难得露出笑容。

“都是因为我，让你这些年受累了。”

“这叫什么话？你今天怎么了？这几天你一直愁眉苦脸的，我还一直替你担心……”

“我想和你商量件事。”

崔小天告诉妻子他们目前的财务出现了较大危机，以及自己去找马修教授寻求帮助的事。

“按照马修教授的意见，我们要根据目前的经济实力更换一套面积较小的房屋，同样车也换成小型车，这肯定会给我们的生活带来不便，但除此之外，我们很难再找到其他的办法来渡过这次财务危机。”

“等一下，你的意思是我们现在要把这个房子卖掉？”

妻子被丈夫的想法惊呆了，这个房子是结婚后买的，妻子免不了对房子有着特殊的感情，但在崔小天的预想中，平时精打细算的妻子仔细考虑后肯定会支持自己的决定。

“我不是说得很清楚了吗，以我们现在的情况供不起这套房子，我和你一样也舍不得，就这么将自己名下的房子卖掉，我心里会好受吗？但是你想一想我们每个月要把多少钱搭在这套房子的贷款利息上，当你认识到这点后你就能同意我的意见了。”

崔小天直视着妻子的双眼，斩钉截铁地说道。

“我今后会更节省的，就按你说的，从现在开始不使用信用卡，建立月度预算，这不就行了嘛，但房子的问题你一定要再考虑一下，你知道我平时为什么连一分钱都要省？就是因为这套房子，你还记得两年前刚搬过来时的情景吗？你和孩子们是多么地喜欢这套房子，我现在还记得很清楚。”

“老婆，严格意义上说这还不是我们的房子，它只是挂在我们的名下，这个房子其实是银行的房子，一半以上的房款都是银行出的钱，但银行也不是白借给我们钱，我每月都会被银行从工资卡中划走5000元。”

说着说着，崔小天就激动起来，孩子们见此情景赶紧回到自己的房中，妻子的嗓门也越来越大了。

“你说的没错，我们的确从银行贷了很多款才买下这套房子，可你的工资不也一直在涨吗，有什么可担心的呢？要是房价上涨到一定水平，尽管还支付着利息，但很有可能吃到差价，因为房地产而发财的人实在太多了。”

听妻子这么一说，崔小天气得够呛，他想起马修教授说过的“韩国人对于房子有特殊的感情”这句话，这才意识到这件事情不是那么轻易就能解决的。

“万一房价不像我们期待的那样，并没有上涨，那么我们这辈子岂不都像现在这样，每月拿出5000元捐献给银行？我刚才也解释过了，这5000元并不是简简单单的5000元，如果我们不把这5000元作为贷款利息还给银行，而是进行一些投资，最终的回报金额不知是5000元的多少倍。与其被动地等待着房价上涨，不如自己主动做些投资。”

妻子说自己需要时间再考虑考虑，崔小天觉得这样也好，不管怎么说，得不到妻子的同意和理解，一切都无法进展下去。

两个星期过去了，妻子仍没有给出回应，崔小天有些坐不住了。

“两周时间又产生了多少的银行利息哟，2500元就这样打了水漂，哎。”

崔小天给孩子买了些零食，有气无力地回到小区内，在长凳上坐下来，虽然天色已晚，小区内还是有很多孩子在玩着单排轮滑和自行车，还有很多晚餐后出来散步的夫妇。

“不行，无论如何今天得有个结论，这件事不能再拖下去了。”

他看了一眼手表，从长凳上站起，赫然发现103栋楼前聚集了一些人，他赶紧凑上前去看个究竟。

“咦，真奇怪，怎么在晚上搬家呢？”

“应该是1502室，贤淑家，他们要搬走。”

由于很少有人会选择在晚上搬家，人们就站在装载着家具物品的货车前议论起来。

“对了，103栋1502室的贤淑不是智恩的朋友吗？这下智恩要伤心了。”

穿着拖鞋出来的崔小天此刻感受到了深秋夜晚的寒意，于是加快脚步往家赶去。

“智恩啊，贤淑他们家正在搬家呢，你不去打个招呼么？”

崔小天一到房门口就告诉了女儿智恩。

“哦，真的吗？我还不知道呢，怎么在这个时间搬家呢？”

正在给孩子们整理床铺的妻子惊讶地问道。

“应该没错，他们现在正在往外搬东西。”

“真是的，怎么搬家也不和我说一声，我和贤淑妈还挺熟的呢……”

妻子决定去打个招呼，就带着智恩出去了，30分钟不到妻子回到了家中，表情有些僵硬，她一言不发地走进房间哄孩子睡觉。

崔小天坐在客厅里看电视，妻子将孩子安顿好后，端着一盘水果坐在崔小天的身旁。

“你看起来好像挺失落的。”

“是啊，贤淑家的房子被拍卖了，因为他们已经好几个月没还房贷利息了，一开始贤淑妈还抱着侥幸心理，但在第二次拍卖中房子被拍走了。”

崔小天明白了妻子的表情为何如此僵硬，自己家每月也要支付5000元的房贷利息，因此今天所发生的事不仅仅是别人家的事。

“所以我说嘛，超出自己能力范围以外的贷款会惹祸上身的。”

“这么说我们也要把这房子卖掉，重新租住一套房子。”

“是的，在我们能力还达不到之前必须这么做，我们把100万元的银行贷款还清，再用50万元来租一套房子，这样我们每个月至少有5000元的投资资金，这些钱也可用在你我和孩子的身上，当然也可以像现在存在银行一样，暂时先不花这笔钱。”

“好吧，就按你的意思办，但有一个条件，就是你现在必须坐地铁上下班，你也很清楚每月的油费不是个小数目吧，既然决定要节俭度日，这个当然也得做到，没问题吧？”

崔小天保证今后在没有特殊情况时都会乘坐地铁，妻子也同意了他卖掉房子的决定。

虽然两人做出了搬家的决定，但是搬家会牵涉到方方面面很多事，房子要符合预算，子女教育和上下班问题都必须顾及到，无论哪一件事都要耗费一番精力。

吃过午饭后，崔小天在休息室里喝着咖啡，与关系不错的同事们聊起了自己的事情，正好对房地产投资有一定见解的金主任走进休息室，听了崔小天所说的情况后，提出要帮崔小天找找这方面的信息，正当他准备喝杯咖啡时，他的手机响了。

“龙山要搞再开发？75万就可以？”

金主任在电话中提到了再开发，这引起休息室一片骚动。

“主任，听说要再开发？”

“在哪里？哪里要再开发？”

“噢，之前通过别人介绍偶然知道了这个消息，龙山的美军基地不是要迁移么，基地迁移加上汉江路一带的建筑太陈旧，所以就传出了再开发的消息，我现在被这些房地产搞得焦头烂额，一会儿是综合房地产税，一会儿又是转让税，脑袋都快爆炸了。”

崔小天竖起了耳朵，再开发就意味着这方面的投资回报率有可能是现在市场投资回报率的好几倍，要是自己把房子卖掉，还完贷款后大约还剩55万元，自己还有一些业绩提成，用这些钱再加上一些贷款就能进行投资了。

崔小天让金主任帮自己介绍一家房地产投资顾问公司，反正自己也在寻找价格合适的房子，要是顺便还能进行投资，这岂不是一箭双雕。

崔小天按照金主任给的电话号码打了过去，房地产投资顾问公司说现在是在龙山区的再开发区域内投资房地产的绝好机会。

“现在有太多的人都在盯着这个地方，估计再过一两天这里的房子就销售一空了，如果你有购房意向，最好先赶紧交上两三万的定金。”

崔小天细想了一下，剩余房款反正也是等入住后再支付，到时他把现在的房子卖掉便能解决资金问题，至于两三万的定金也可以通过贷款来获得，崔小天与房地产投资顾问公司约好一同去龙山实地考察一下。

“崔先生，你正好不是要搬家么，那就搬到这里吧，你瞧瞧这里的环境，两年前那边的老房子被拆后建了别墅，你要是选择入住这里，等到再开发时就能大赚一笔，用这些钱还能换大一点的房子，何乐而不为呢？”

如果进行再开发的话，再开发区域内的房子肯定很破旧。但与崔小天的想象不同，这些建筑从外观看起来还很新。由于没有与房主取得联系，崔小天先行支付给房地产公司3万元的定金，办完此事后他很有成就感，觉得妻子肯定会非常满意自己的决定。

“老婆，我们好像要开始走运了。”

“什么意思？”

吃完晚饭后妻子坐在一旁削着水果，崔小天便把今天所发生的事说给她听。

“我的天，这么大的事你说都不说就自己决定了？况且我们现在还没有卖掉房子。”

“对不起，但这确实是个好机会，机会不等人啊，下一次就要再收10万元了，你就甭担心了，对了，下周我就能拿到业绩提成了，用这些钱来支付这笔钱不就行了吗，没啥可担心的！”

“不对吧，你们公司都到了要员工交还公司住房的地步，财政这么紧张的时候，怎么还会发业绩提成呢？”

“当然这次的业绩提成不会像之前那样每人都有，只有那些业绩优秀的部门才有，这次我们部门因工作业绩突出被评上了，每人最少也有六七万元吧。”

崔小天的这句话让妻子紧绷的神经松弛下来，她准备明天去现场看一下。

第二天，利用午餐时间他和妻子来到已付完定金的别墅前。

“我还是觉得住宅小区更好一些，这栋房子有两年的时间了，看起来还挺新的，内部设施怎么样？”

“哦，昨天我还没进去，房主不在家，所以一直没联系上。”

“我说，你连房主的面都没见着，也没看过房子内部，竟敢把合同签了？”

“房地产公司说要是再等一两天，这里的房子就全卖光了，你说怎么办，情况这么紧急……”

崔小天责怪妻子老是纠缠这些细枝末节。

既然来了就得看看房子内部情况，妻子按响了门铃。

“谁啊？”

“您好，我们是昨天签了房屋合同的人，想看看房子内部的情况。”

“什么？”

房主气愤地说自己没说要卖房，怎么会冒出房屋合同来。

“最近都在风传这一带要进行再开发，因此出现了很多诈骗事件，你们签合同之前怎么不事先打听清楚？”

房主拒绝了他们进屋的要求，冷漠地关上房门。

崔小天一屁股坐在了地上，妻子提议赶紧去找房地产公司，把崔小天拉了起来。在去往房地产公司的路上他们一直给昨天见的人打电话，但手机一直处于关机状态，随着离房地产公司越来越近，崔小天的心跳也在不断地加快。

当随处乱扔的纸片和丢弃不用的旧桌子呈现在眼前时，一切都真相大白了，崔小天痛恨自己的愚蠢，竟然在几天之内就落入别人设好的陷阱，但现在已是覆水难收，说什么都晚了。

“真是贪心惹的祸啊！”

妻子勃然大怒，痛斥崔小天的糊涂行为，崔小天答应妻子今后再也不会被贪心蒙蔽了眼睛，会老老实实地按照马修教授的建议一步步地实现自己的财务构想，希望妻子能够谅解他，虽然妻子的怒气一时难以消除，但事已至此，只能安慰自己至少没有搭进去更多的钱。

两周后，崔小天和妻子根据他们的经济实力租了一套73平米的房子，虽然房子已经有些年头，但不管怎么说找到了一套适合的住房还是值得庆幸的，为了避免犯上次同样的错误，这次他们要求对方在出示营业执照副本和房主身份证后才签下这份合同。

在没有债务的压力后，崔小天心里舒坦多了，并找回了往日的自信。在房地产中介公司签完合同后，崔小天和妻子站在夕阳西下的街道旁，注视着他们新的安乐窝。

“好吧，那就重新开始吧，从现在起只要坚决执行财务预算，终会有拨云见日的那一天，加油，崔小天！”

没有准备的退休生活会将担忧变为现实，筹集退休生活资金的最大障碍是错失时机。准备好能承载起未来的保障资产、退休资产和投资资产这三大资产就能一生不缺钱。

Chapter 4

富足生活最大的敌人——延误时机

罗富东的铁饭碗没了

公司楼下的大厅里横幅和纸张散落了一地，看得出这里曾有多么混乱。

“政府必须立即终止国有企业民营化政策！”

“誓死反对人为的结构调整！”

悬挂在建筑物不同角落的横幅反映了员工们的迫切心声，不久前这里还到处是叫骂声、口号声，甚至还夹杂拳脚相加，现在只剩下步履匆匆的员工和清洁工，罗富东经过这个令他感伤的大厅，进入电梯。

一进办公室，同事们都将视线集中在他身上，他很怕接触到众人的同情眼神，迫不及待地将自己的东西塞进纸箱中。

“呼……”

从办公室出来进入电梯后，他不由得长呼一口气，从现在起他再也不用面对那些投向自己的同情目光了。

罗富东怔怔地看着手中的纸箱，这个地方自己待了近30年，留下的东西竟然还装不满一个纸箱，自己的年龄也在不经意间到了54岁。54岁，这是一个很难再重新开始的年龄。

“至少现在不是寒冷的冬天，既然春天已经到来，一切都会变好的。”

罗富东点燃一根香烟，这么安慰着自己，但走向停车场时他还是感到脚步沉重，把纸箱放在车上后正准备发动汽车，手机铃响了，是陶志海打来的，犹豫片刻后，他按下了接听键。

“哥，是我，志海！”

“噢，你好，有什么事？”

“啊，也没什么事，咱俩都一年多没见面了，想和你见个面，大家似乎都比从前忙多了，今天你过来一起吃顿饭吧，小天兄和俊飞兄也在，可一定要来哦！”

罗富东虽然不大情愿，但拗不过陶志海的热情，只好答应了。在经过公司大门时他看见有几个人聚在一起喊着口号，他的心里一阵难受，想赶紧离开这个伤心地。这时一个与他同部门的年轻人正好看见了他，年轻人好像有什么话对他说，朝罗富东的车子走来，罗富东一踩油门冲了出去，到了这个地步他觉得自己已无话可说。

烤架上肉吱啦啦地响着，但谁都没有胃口，大家用筷子拨拉着自己面前的小菜，本来还打算将这次聚餐当作迟来的新年聚会，但很明显，大家的心思都不在这上面。

“对了，嘉成兄在1月份出院了。”

陶志海首先打破了沉默。

“病情好转了？”

崔小天的话音里流露出喜悦之情。

“倒不是，医生说即便手术，效果也不会理想，让他先坚持下去，于是嘉成兄就决定出院，医院的医疗费又那么高，也只能这样了。”

“当时他要是买份癌症保险就好了，看着嘉成兄就这么倒下，我真为他没买保险而惋惜，他一倒下等于家里的顶梁柱没了，我现在觉得为了全家人的幸福，必须得买健康保险和癌症保险。”

崔小天想起马修教授曾说过保险的重要性。

“可是富东兄，你怎么也闷闷不乐呀？我知道你也在替嘉成担心，可是连你都这样，今天这饭吃得就太郁闷了，越是这个时候就越要看开些。”

吴俊飞把烤好的肉夹在罗富东的面前，对着罗富东说道。

“是啊，今天富东兄好像一句话都没说，是不是有什么心事？”

陶志海目不转睛地盯着罗富东。

罗富东像是十分口渴一样，喝了一大口水，和盘托出了自己成为公司结构调整的牺牲品这件事，这让所有人一时不知该如何安慰，只是呆呆地望着他，这时罗富东开口了：

“你们啊，千万别像我这样，我之前老是觉得人这一辈子无论遇到什么困难，总会车到山前必有路，可人生并不是我想象的这么简单啊！”

ↀ ↀ

身为独子的罗富东家境比较殷实，大学毕业后就进入国有企业大韩电力工作，一路走来几乎没遇到什么挫折，生活可谓一帆风顺，因此他是个不折不扣的乐天派，由于还将从父亲那里继承家族生意，所以他并不把上班当回事。

“不会吧，和你同时进公司的人全都晋升了，就你还原地不动，怎么搞的？”

尽管周围很多人都对此疑惑不解，但罗富东却不想多做解释，因为在他看来公司只不过是个走过场的地方。

“哈哈，我们公司的工会很有势力，总不至于解雇我吧！”

对于罗富东来说，作为国有企业的大韩电力就是他的铁饭碗。

但自从罗富东父亲的公司宣布倒闭的那一天起，一切都发生了改变，大量的资产在瞬间蒸发，父母的房子也被拍卖，赡养父母的责任落到罗富东这个独子的头上，他只好把父母接过来一起居住，负担父母的生活。虽然大企业给的年薪不少，但这突如其来的重担还是让他有些吃不消。最初因为情况比较急迫，妻子并没有反对他这么做，但时间一长，妻子与公婆之间就出现了一些不和。

“你和你妈说说，怎么到了这个时候还以为自己是有钱人。”

“你这话是什么意思？”

突然失去靠山的罗富东本来就因为单位上的事而身心俱疲，听到妻子这么说顿时火冒三丈。

“她说要买化妆品，我就把信用卡给了她，结果她竟然买了2000元的化妆品，我说，以我们目前的状况，我们能承受2000元的化妆品吗？”

“一辈子都是这么过的人，怎么可能一觉醒来就变成另外一个人？况且难道就因为少了这2000元，我们就要饿肚子了？我挣的钱足够养活我们一家人了，以后你不要再跟我说这些鸡毛蒜皮的事！”

罗富东妻子对公婆的不满在日益加剧，由于公婆不仅没带给自己什么财产，反而增加了他们的经济负担，她甚至因此而产生了怨恨情绪。

“我搞不懂爸妈怎么还活在过去，要是没钱的话，可以和其他老人一样找点活干，帮子女分担一些负担啊，现在生活费暴涨，连孩子们的教育费都是个问题，我真是愁死了。”

“什么？我爸妈是外人吗？要是生活费高的话，教育费少花点不就行了。”

“说什么呢？你话说完没有？”

妻子被激怒了，因为信奉“教育是为未来所做的最好投资”这一观点，一放假她就会送孩子到国外学习，还同时让孩子上各种补习班和培训班，家里多出来的钱几乎都花在了孩子的教育上。

“对孩子的投资就是保障我们退休生活的投资，等孩子们长大有出息了，我们也能享享孩子的福。”

无论发生什么情况，妻子都绝不允许其他任何事情干扰到子女的教育。

几天后，投资失败而整日意志消沉的父亲因为高血压住进了医院，在医院里又出现脑出血，被转移到重症病房，因为需要住院观察好几个月，这使得医疗费支出变成了天文数字，此前一直以为自己能继承父亲公司而无忧无虑的罗富东几乎花光了所有积蓄，然而这还不够，为了筹集医疗费他只得将自己住的房子卖掉，出去租房子住。

搬进面积狭小的房子后，妻子的不满达到了极点，孩子们也毫不掩饰地抱怨着小房间所带来的不便，罗富东思想斗争了好长时间，终于决定将父母送进首尔近郊的疗养院，虽然心里老是惦记着父母，但一想到父母不用再看妻儿的脸色度日，也觉得这对他们来说未尝不是件好事。

没过多久，他发现子女的教育费仍是个不小的负担，而且有加重之势，他的工资除去子女教育费和生活费后所剩无几，即使这样他对自己的铁饭碗还是抱有很强的信心。

终于有一天问题出现了，为他提供铁饭碗的单位根据政府的国有企业民营化政策，要将罗富东所属的发电部门转为民营化。

“这可怎么办？罗前辈，现在公司干脆直接鼓动大家提前退休，特别是那些反对公司民营化的员工已经被逼得没有退路了。”

一旦民营化，为提高竞争力，公司必然会进行深度的结构调整，罗富东生怕自己成为结构调整的牺牲品，因此每次反对结构调整的集会都少不了他的身影。

“这样坐以待毙也不是办法，一直以来我在工作中都没有出现重大失误，估计公司也不会让我提前退休，可是一旦进行结构调整，裁掉一部分员工后，接下来必然会削减年薪和废除奖金，这样一来拿什么去支付孩子的教育费和父母的疗养院费用？哎呀，这样绝对不行！”

一想到家人都指望着自己，他决心抗争到底。

但是事态的严重性远超出他的想象，罗富东在单位工作了快30年，工作能力虽不算出众，但也不是尽惹麻烦的无能之辈，在单位的表现也还说得过去，但是这次结构调整的矛头却直指罗富东这些员工，主要是因为他们年薪高而且年龄大，在自己的岗位上已很难再有大发展。

单位开始向员工们施压，忍受不了的员工相继离开了，单位通过单独面谈传达完人事政策后，再作出提前辞退、留职、降职等不同决定，一时间大家都在猜测黑名单上的名字。

罗富东得到通知经营管理部的部长要找他谈话，他和其他人一样对这次谈话有种不祥预感，担心厄运会降临在自己头上，但他始终都觉得自己顶多就是被降职，脑子里已经盘算好该怎样应答。

罗富东觉得自己不能表现得过于胆怯，因此在谈话中始终保持强势姿态，他力斥结构调整的不正当性，反复强调要让工作认真的人安心工作，改善他们的待遇，部长打断了罗富东的话，指明这是公司总裁的意思。

“我找你谈话并不是想和你探讨这些问题，公司总裁说了，我们现在需要的不是工作认真的人，而是工作优秀的人。”

此言一出，罗富东明白自己不必再说下去了，这句话等于是说单位已作出将他辞退的决定，让他万万没想到的是，自己竟然排在被除名对象的首位，就算是努力工作最后也难逃被一脚踢开的命运。

在单位呆的时间越长，向上晋升的空间越小，与他同时进入公司的人都逐渐离开了公司，罗富东觉得自己一直坚守着这个岗位已算幸运，只是有时他也会从年轻人那里感受到不少压力，所以如果认真分析一下，单位的决定也是预料之中的事，只能怪自己没有对此做好准备。

∽ ∽

“现在连吃饭都成了问题，我这把年纪了还能去哪儿上班，孩子们还在上学，不久就要结婚……要花钱的地方还很多，可自己却没了收入，我真不想活了。”

说完自己的故事后，罗富东点燃一根香烟，也许是因为没怎么吃东西的缘故，他抽了一口后便不停地咳嗽，众人都不知该如何安慰，低头陷入沉思中。

“唉……”

吴俊飞大声叹了一口气。

“哥哥你和我怎么都成了这样，我们到底哪儿做错了，我们的命怎么就……”

吴俊飞仍将责任归咎于命运，去年他将公司的房子归还后，就让家人住到乡下的父母家，自己则一个人住在公司附近的商住两用房里。

“我把孩子们都送到了我父母那去住，想着赶紧多攒些钱好让一家人团聚，但是攒钱也不是一两天的事，老实说我从不指望成为富翁，只要一家人能在一起和和睦睦地过日子就已心满意足了，可就这点要求怎么还这么难呢？”

“我也和俊飞一样，老是抱着得过且过的想法，不知道为了今后的生活要提前做好准备，让孩子们接受课外辅导，痴迷自己的业余爱好，想开高级轿车……我从不认为这些会与浪费扯上边，总觉得所有人都是这么活的，没必要为此而担心，可事到如今却连一套房子都没有，你们看看我，今年已经54岁了，一套租住的房子就是我的全部家当，等到孩子们结婚时，还得给孩子们腾出一间屋子，恐怕那时我就真的变成穷光蛋了，现在这种担心一直存在我的潜意识中，有时睡觉都会为此而惊醒。”

罗富东又点上一根烟，他一口东西也没吃，只是不停地抽着烟，这让吴俊飞很不放心，随手将烟盒扔在一边。

“你知道铁饭碗没了后我最大的遗憾是什么吗？就是当有固定收入时，不管金额多少，退休生活资金都在不断增加，而现在却不行了。退休生活资金就等于是种子，等到退休后就会结出果实来，恐怕你们对此并不了解，你们还年轻，从现在开始筹备退休生活资金还来得及，为了不让自己年老时后悔，趁能赚到钱的时候一定要提前为退休生活做好准备。”

“哎呀，哥，这些伤心事就别说了，一切都会好起来的，你不还有退休金么，要是弄得好的话，用它说不定就能解决所有问题，只要把握住机会，人生就能打出反败为胜的本垒打，我会给你挑只好股票的，你就别担心了。”

陶志海打断了罗富东的话，发表了一通不切实际的言论，这使得崔小天又开始担心起信奉“人生就是一场赌博”的陶志海。

“哥，你也吃点东西，打起精神来。”

吴俊飞把烤肉夹在罗富东面前，劝他多吃点，罗富东和吴俊飞两人从性格到人生经历都很相似，崔小天不敢想象他们该怎样去面对今后的生活。

大师支招，提前预约无忧人生

马修教授的秘书给崔小天发来一张邀请函，邀请他参加一场针对职场人士的“提前预约无忧人生”的研讨会，马修教授是此次研讨会的特约演讲嘉宾，崔小天打算等研讨会结束后抽空见一下马修教授。

按照马修教授的建议，崔小天把房子卖掉还了房贷，股票卖出付清银行贷款，这样每个月还能剩余一些钱，尽管数额不大，但他还是想听听马修教授关于资金管理方面的意见，正好有这么一场研讨会，这对他来说是个千载难逢的好机会。

由于是下班高峰，路上车子堵得很厉害，7点过后他才赶到研讨会举办的地点，崔小天坐在最后一排，待与会人员都入座后主持人开始介绍马修教授，几句简单的开场白后马修教授便正式开讲，崔小天感觉自己似乎又回到了10年前的大学时代。与一般演讲不同的是，此次演讲采取的是研讨会的形式，马修教授更注重与听众的互动，整个会场的气氛显得很轻松。

“今天是初伏，按照传统应该喝参鸡汤吧，大家今天都喝参鸡汤了吗？”

马修教授抛出这样一个轻松的话题后，大家便纷纷谈论起参鸡汤来。

“当然喝了，对年纪大的人来说健康就是财富，年轻时要吃好，到老了才不会遭罪，我今天就喝了两大碗呢，哈哈哈！”

一位50来岁的人双手拍打着肚皮回答道，他滑稽的表情一下子把大家都逗乐了。

“是吗？看来无论什么事都必须在年轻时就做好准备，否则到老了会很辛苦。今天我给诸位演讲的主题就是如何拥有一个安定的退休生活。不久前一家报纸以30多岁到50多岁的职场人士为对象进行了一次问卷调查，调查的问题是你对自己的退休生活是否感到不安以及你在这方面做了哪些准备工作，你们知道调查结果是怎样的吗？”

“退休生活准备”这个词对于崔小天还比较陌生，在他的理解中，才35岁的自己离退休还有20年，还谈不上什么退休生活准备，那都是快要面临退休的45~55岁的人要考虑的事情，但是自从看了罗富东的遭遇后，他觉得自己得把退休时间再往前提提。马修教授刚起个头，崔小天就感到今天算来对了。

一生中从手上经过的钱达750万

“30多岁至50多岁的人几乎都不太顾虑自己的退休生活，因为需要花钱的地方很多，退休生活准备的问题自然也就被人们所搁置。”

一位看起来30岁刚出头的年轻人回答道，人们纷纷点头表示赞同。

“你回答得很对，调查结果显示，为退休生活准备的人还不到被访问人数的一半，大部分被访问者都说教育费、房贷、生活费等支出已占据收入的绝大部分，这使得他们无力再去积攒退休生活资金，可问题是有80%的被访问者都对自己的退休生活感到不安，因而可以这么说，虽然很多人担心自己的退休生活，却不知如何进行准备。”

马修教授把问卷调查的结果投射在屏幕上。

“今天坐在这里的人大部分都还很年轻，我今年才30出头，我现在似乎没有必要为退休生活做准备吧？我离退休还有20多年呢。”

一位自称30岁出头的人带着一丝不屑的眼神问道。

“哈哈，你是这么想的？那我先问个问题，65岁以上的老人中能够安享退休生活的人占多大比例？”

人们开始和自己身旁的人交流起来，会场瞬时热闹起来。

“是不是70%~80%？”

一位看起来40岁出头的体格健壮的男子自信地说道。

“没错，至少有一半以上的人用年轻时挣到的钱就可以安享自己的退休生活。”

与会者各自发表完意见后，大家等待着马修教授的答案。

“很遗憾，事实并非如此，调查结果显示，40%以上的老人需要接受子女或亲戚的帮助，而不需别人帮助、只凭年轻时积攒的钱能在经济上独立的老人仅有10%。”

只有10%的老人不需旁人的帮助，在经济上实现独立，这个结果一公布，现场顿时一片骚动。

“现在退休生活问题已成为不可回避的问题，在座的大部分都是年轻人，在你们看来，退休生活离自己还很遥远，当务之急是先安顿好目前的生活，做梦都没想过还要对退休生活做准备。但是有一点是肯定的，就是我们每个人都不可避免地要迎来自己的退休生活，那么，在座的诸位可以想象一下自己未来的样子，由于诸位年纪不尽相同，年轻的想想自己30年后的样子，年纪大一点的想想自己10年后的样子，我们从这些想象中寻找出一些共同点：今后我们下一辈将比现在更难挣到钱，由于出生率减少和老龄化问题，政府会从政策上入手，向年轻人征收更高的所得税、公共收费和医疗保险，目前这部分比例为10%~20%，但是谁也无法保证未来不会增长至40%~50%，这使得将退休生活寄希望于子女的做法非但不现实，反而会连累子女，总的说来退休生活准备必须依靠自己的努力。”

马修教授点击了一下鼠标，他身后的大屏幕上出现了下面这两行文字：

就算行乐须及时，也不该放任晚景凄凉！

没有准备的退休生活一定会让你追悔莫及！

“各位有没有想过从结婚到组建家庭直至离开这个世界，我们需要多少钱？”

马修教授提问后，大屏幕上又出现一行文字：

我和我的家人想要幸福地度过一生最少需要多少钱？

“当然每个人的生活环境和条件各不相同，价值观和消费观也存在差异，但一般来说，要满足一个家庭的基本生活需要所需的费用如下表所示。”

大屏幕上闪现出一张表格，人们伸长脖子仔细看起表格上的内容。

● 从31岁到85岁的55年间家庭所需的费用

构成项目	总共费用	计算依据
家庭生活费	3780000	城市居民家庭的月平均生活费为10500元，从31岁到60岁共计30年
退休生活费	1500000	每月5000元，从61岁到85岁共计25年
房款	1155600	面积为108m²，每平方10700元
子女教育费	1000000	韩国教育开发院的调查结果显示从小学到大学的人均教育费用为500000元
合　计	7435600	

（单位：元）

* 按四口之家来计算，不包括贴补子女的结婚费用
* 没有考虑购车费用和住房面积扩大费用
* 没有考虑物价上涨因素

“我的天，难道我们这辈子为了全家真的要花去700多万？”

“是啊，这个数字也太夸张了，要是不看计算依据，我真的很难相信这是事实。”

大部分与会人员都对700万这个数目表示惊讶。

“从表中我们可以看到，在31~85岁这55年间一个家庭竟然要花掉700多万元，但更令人难以置信的是，这700多万元还不包括购

车费用、住房面积扩大费用和子女结婚费用，这费用已经属于最为保守的估计了。”

马修教授刚解释完，一位坐在前排死死盯着大屏幕的男子举手示意：

“但有一点很奇怪，我国四口之家的平均年薪为20万元，工作30年不过才600万元，要是按工作30年、消费55年的这种计算方法，岂不是还有150万元的资金缺口？”

“你的观察很敏锐，发现了这150万元的秘密。”

马修教授笑着说道，下面的人小声议论起来。

“150万元的秘密？什么意思？”

“也可能是凑巧吧，这缺失的150万元正好就是我们一生中所需要的退休生活资金，换句话说，当一个家庭的收入和支出都为平均水平，到60岁退休时将会身无分文，60岁之后没有了收入，但支出仍存在，因而在经济上根本不能自立。试想一下，如果30年后我们每天要为生计犯愁，得看子女的脸色过活，要是自己或伴侣再有个头疼脑热的，那种痛苦简直无法用言语来形容。”

马修教授话音刚落，一个人蹭的一下站起来大声说道：

“不至于吧！我们辛苦一辈子难道还得看子女的脸色吗？等我们把孩子抚养成人，自己有了更多时间和精力后，再来准备退休生活资金也不晚嘛，现在就为了30年后的事而活着，这样的人生还有什么乐趣，我们还很年轻，还能工作很长时间，有什么必要现在就考虑今后的退休生活？车到山前必有路，我觉得没有必要为此担心。”

一位30出头的年轻人向马修教授表明了自己的反对态度，这些话让崔小天想起了几个月前见到的罗富东，安定幸福的生活是每个人的梦想，但世事难料，就拿罗富东来说，一夜之间有钱的父亲破了产，自己的铁饭碗也丢掉了。

“我们觉得自己还年轻，应该还能轻松地再工作二三十年，这种想法本身就错了。”

崔小天用眼神和马修教授打了个招呼后，接着说道：

“我们总习惯于用一种盲目乐观的心态来看待自己的现在和未来，但世事难料，谁能保证我们的一生永远一帆风顺，不会遭遇突然变故？”

崔小天向众人讲述了罗富东的故事，罗富东的意外遭遇让很多人为之唏嘘不已，都担心他今后的生活将何去何从。

“能继承财产，工作稳定，这些都让他一直坚信自己的未来一片光明，但所有的一切都在一瞬间离他远去。说实话这也让我感到恐惧，我会担心哪天我也丢掉了工作，或是家里人突然得病需要巨额医疗费，所以说不能老是觉得自己今后20年的收入还能和现在一样，刚才这位老兄要是一直抱着那种观点，将来肯定要摔大跟头的，我今天来此的目的也是想和大家分享一些我的个人感想。”

崔小天再一次强调千万不可将罗富东的事看作是别人的事。

“说得没错，我已年过四十，现在已开始担心自己的退休生活了。因为我每月的工资只要一到账，不用多久便一分不剩，我真是心急如焚啊，要是一直这样下去，不为将来做些打算，估计等我老了，肯定会变成身无分文的穷光蛋！”

一位年过四旬的人说感觉自己活得浑浑噩噩，却又不知该如何结束这种状态，希望马修教授能给点建议。

“我们总是担心事情会发生变化，因为目前的这种平稳状态对我们来说是最舒适的，当然我们也会对自己的未来生活有种隐隐的担忧，可如果马上就为退休生活做准备势必改变目前的一些生活习惯，于是乎我们就将此事一拖再拖。然而，如果我们不能从目前安定生活的诱惑中走出来，不去经历变化带来的阵痛，那么我们的未来将暗淡无比，因此我们绝不可以坐视这一切而不去寻求改变。那么，从现在起我们就来正式探讨一下关于退休生活应对的问题。”

众人感受到了马修教授话里的分量，不约而同地调整了一下坐姿，崔小天也拿出笔记本，准备认真听讲。

为了幸福生活必须摒弃的观念

“你们认为在筹集退休生活资金的过程中最大的障碍是什么？怎么想的就怎么说。”

马修教授的演讲步入正题后，大家的积极性变得更高了，纷纷给出了自己的答案。

“超前消费？”

“我觉得应该是类似定期储蓄的被动投资策略。”

“忽视保险和养老金才是最大的障碍。”

……

大家七嘴八舌地说了起来。

“呵呵，你们说的都有道理，但还不是我想要的答案，还有其他的答案么？”

“错失时机才是最大的障碍吧？”

崔小天看了马修教授一眼，随口说道。

“没错，你为什么会这么想？”

“教授您以前在课堂上用了两个小时的时间详细说明了复利效果，当时在我听来简直就和魔法一样，后来我才明白只要早一点开启这个魔法，就能有更大的收获。”

“哈哈，果然是我教出来的徒弟啊，也不知道是学生优秀呢，还是老师水平高？”

马修教授的一句玩笑话让现场气氛轻松了不少。

“退休生活应对中最大的敌人是时间，越早为退休生活做准备，自己的负担就越少，要是从20多岁就开始准备，会几乎感觉不到负担的存在，但要是40多岁才开始，就要承受相当大的负担。”

安全的投资产品不等于安全的未来

马修教授点击了一下鼠标，一张统计表显示在大屏幕上。

分类	25岁	30岁	35岁	40岁	45岁
距离55岁的时间	30年	25年	20年	15年	10年
到55岁时250万元的市场面值	606.8万元	523.5万元	451.5万元	389.5万元	336万元
投资收益率	将250万元（以现在的物价指数为准）作为退休生活资金目标额				
每年10%	每月3000元	每月4500元	每月6500元	每月10000元	每月17500元

*假设物价上涨率为每年3%。

“我来举例说明一下，假设我们从现在开始储蓄，一直到55岁退休，退休生活资金按现在物价标准被定为250万元，投资收益率为每年10%，如果我们年龄为25岁，每月只需存入3000元便可实现目标，但要是35岁则需要月交6500元，45岁则为17500元，大家可以看出这中间的差额有多么大。”

“确实很惊人，我做梦都没想到，我只想着等条件稍好一些再开始准备，却没想到由于错过时机，日后需要花这么大的代价去弥补，可为什么会出现这么大的差额呢？”

刚才那位说自己难道辛苦一辈子还得看子女脸色的大嗓门男子张大了嘴，由衷地感叹道。

“这就牵涉到刚才那位崔先生所提到的复利效果，与只计算本金利息的单利不同，在计算复利时，还要将本金所产生的利息重新计入本金中，这么一来，利滚利的复利会随着时间的推移就像滚雪球一样越滚越大。”

“所以说根据不同的年龄每月要支付的金额就会大不相同，要是现在就开始积攒退休生活资金，所要承受的负担肯定比日后小。此外还有一点，我们还必须选准投资产品，在选择投资产品时，安全性应该是首要考虑的因素吧？”

一位30多岁的女士提出了自己的看法，所有人都点头表示同意，觉得这没什么可说的，大家等待着马修教授的反应。

“你的这个问题提得非常好，但是在准备退休生活资金时，大家需要注意一点，就是不要盲目相信安全的投资产品，我们的意识中存在着一种误区，就是误以为选择了安全的投资产品就能保证我们拥有一个安全稳定的未来，可我们还不能忽视一点，那就是必须保证收益率超过物价上涨率。”

这等于给那些抱有“安全第一”观念的人泼了一盆冷水，所有人一下子都蒙了，都在期待马修教授随后的解释。

“由于诸位年龄不尽相同，那我就用35岁这个中间岁数来说明，在之前的例子中我们将投资收益率定为10%，但如果我们投资的是银行定期储蓄这种本金可获保障的安全产品，是不可能达到这个收益率的，现在的定期储蓄利率仅为4.5%，如果再算上税金，税后的实际收益率只有3.8%，为了凑够退休生活资金，每月交6500元肯定不行，必须拿出12500元，那么请问在座诸位，有谁会每个月拿出这么多钱存入银行？所以说对于经济实力有限的人来说，要想提高收益率就必须承担一定风险，退休生活资金的筹集需要一个很长的过程，而在这个过程中一味投资本金可获保障的低风险产品是一种错误的投资策略，以美国最具代表性的养老金品种401K为例，其中65%的投资都放在了股票市场上。”

“刚才我们是按10%的年收益率计算的，如果收益率是这个的两倍，每月又要存入多少钱呢？”

一位在风险投资公司上班的20多岁的男子问道。

“哈哈，果然是信奉‘高风险高收益’的风险投资经理人啊，年收益率为10%时是6500元，15%时是3500元，20%时则是2000元，怎么样？有些吃惊吧？”

提问男子紧皱的眉头终于舒展开来。

不要执迷于房价的上涨

“下一个我们需要摒弃的观念就是对房价上涨的执迷，我来到这个国家后让我深感吃惊的便是大家对于房地产有着近乎病态的喜爱，当然这有一定的历史原因，但这的确是一种非常危险的现象，将一辈子大部分的收入全投资在房子上，不仅时间被搭进去，还因为要偿还房贷，很难再进行其他方面的投资，从而丧失掉很多重要的投资机会，从机会成本的层面来看，损失相当巨大。”

“但如果房价上涨后不就会弥补所有的损失了吗？”

有人提出了这种假设，崔小天露出了苦笑。

“当然这个世界全部按照我们的想象来运转是再好不过了，可就像日本泡沫经济的崩溃一样，万一房地产价格出现崩盘，请问我们又将如何？”

马修教授的突然提问让现场鸦雀无声，众人面面相觑，无人应答。

“虽然人们对此想都不愿去想，但万一这种情况发生了，恐怕将给一个家庭的财政带来巨大的赤字。我们再看一下前面这张表，35岁的人要想在55岁时积攒到与目前250万元价值相等的资金，在年收益率为10%的情况下需要每月存入6500元，如果收益率上升到15%，每月只需存入3000元，说是说3000元，但这毕竟也是一笔不小的开支，那么还有没有其他办法？有，可以通过闲置资金来解决。一般情况下年纪越大的人手上的闲置资金越多，如果利用好这些闲置资金，每个月我们就不需要为退休生活存太多的钱，假如有5万元的闲置资金，按照15%的年收益率，以复利的方式来计算，在20年后积蓄额就能达到81.75万元，这就大大减轻了我们每月的存款负担。在这样一个房地产占资产比例极高的国家内，我们不能过分高估房地产的价值，要根据自己的实际情况，果断地减少房地产的比重，将主要精力放在筹集金融资产上，通过金融投资来为退休生活做准备。手中的闲置资金、收益率、时间都会对最后的结果产生影响，以下我们事先设定好闲置资金和收益率，看看在这些条件下我们每月要为退休生活存入多少资金。”

大屏幕上出现一张较之前稍作变动的表。

分类	25岁	30岁	35岁	40岁	45岁
储蓄目标额	600万	500万	450万	350万	300万
	6.8万	23.5万	1.5万	39.5万	36万
收益率	每年 15%				
现有闲置资金	5万	10万	15万	25万	40万
55岁时的闲置资金	331万	329万	245.5万	203.425万	161.825万
月存款额	500	750	1500	3000	7500

（单位：元）

* 储蓄目标额=按照每年3%的物价上涨率，等到55岁时与目前250万元等值的资金。

“诸位仔细观察我身后的表会发现，在年龄相对较小时，即便是小额的闲置资金也能大大减少每月的存款额，相反年龄越大，为了减少每月存款额，就要付出更多的闲置资金，为什么我们说要及早为退休生活做准备，就是基于以上原因。也许在座的有人会一直以来偏向于房地产投资，那么现在很有必要好好考虑一下是否应该减少资产结构中房地产所占的比例，学会利用闲置资金来创造收益。不管怎样有一点是肯定的，那就是如果能利用好闲置资金的复利效果，每个月为退休生活存入的金额必然会减少，希望大家能够根据自身的财务情况，就用于退休生活的闲置资金和每月存款额设计出一个合适的比例。”

子女教育与退休生活孰轻孰重

随着演讲内容的一步步深入，与会人员的神情显得更专注，所有人都拿出小本子或笔记本电脑聚精会神地做着记录。

“下面我再来说一下子女教育费问题。嗯，这也是一个十分敏感的话题，我相信大家对子女教育的狂热程度绝不亚于房地产，几乎已经上升到宗教式崇拜的地步，花钱自不必说，我接触到的一些家长在必要时甚至会牺牲自己的一切来让子女受到最好的教育。”

“我们也不能光看到它不好的一面，让子女接受教育其实也是一种投资，日后等结出果实后自然会得到回报，说得直白一点，现在让孩子多学一点东西，等孩子长大后年薪不就能拿得更高吗？所以这不能叫花冤枉钱，你们说对不对？”

有人站出来大声地发表了自己的不同意见，末尾还希望得到其他人的支持，“没错”的回应声此起彼伏，马修教授一语中的，子女教育问题的确是一个敏感话题。

“我不否认教育是一种很稳妥的投资，但问题是在教育热和竞争心理的驱使下，课外教育费已经飙升至普通家庭难以承受的地步，平均一个家庭的子女教育时间长达20年，这就意味着在这20年的时间你根本不必去幻想还能进行其他的投资。”

马修教授又补充说与退休生活应对冲突最大的项目便是子女教育费。

“即便是因为子女教育而不能进行其他的投资，大部分的父母还是会毅然选择子女教育，因为等我们老后唯一能指望的人只能是自己的孩子……不能光是考虑自己而忽视了孩子的教育，否则将来孩子肯定会怨恨父母，反正我是不想让孩子这么怨恨我。”

一位戴着厚厚边框眼镜的40多岁的男子认为就算是为了自己的退休生活也绝不能放弃对子女教育的投资。

“没错，别人家孩子都学这学那，光是我们家孩子不学，这怎么可以？”

坐在崔小天前面的女子喃喃自语道。

“当然选择权在你们自己，但是我们真的要静下心来好好想想，为了子女的教育甚至不惜牺牲包括退休生活应对在内的自己所有的一切，这么做真的是为子女好吗？要是很难同时负担起子女教育费用和退休生活资金储备费用，那就必须给两者排出个先后顺序，如果我们决定将退休生活应对放到后面，倾全力支持子女教育，那么日后就会让子女背负赡养自己的重担；反之，如果我们能牺牲一些对子女的教育投入，那么子女则无须背负这个重担。”

当马修教授说出没有准备的退休生活会让子女背负重担的话后，会场里一片寂静。

“下面我要给诸位展示一封曾经听过我讲座的人寄给我的信，请看！”

一封信件跃然于大屏幕上。

我是一名40岁的家庭主妇，女儿今年读大三，儿子正在复读，去年儿子考上了××大学，但后来他又想考更好的大学，所以在交完注册费和休学申请后，他又走进了复读班。丈夫在看到儿子的复读班学费收据后，长叹了一口气，几天前丈夫看到报纸上一篇名为《为退休生活而理财》的报道时也发出过同样的叹气声。

“今年45岁的王总监准备60岁退休，假设从60岁到80岁的20年间他每月的支出为5000元，那么他必须在60岁时攒够155万元的退休生活资金，要想在15年的时间攒出这笔钱，从现在起就要每月存入3700元（投资年收益率为10%的复利产品）或每月存入6250元（投资年收益率为4%的复利产品）。”

按照报纸上的说法，至少每月要为今后的退休生活投入3700元，由于我始终坚持每月将8000元花在子女教育上，丈夫为此十分担心日后的生活，经常和我唱反调，要么在我耳边唠叨个不停，要么整天唉声叹气。虽然我也不希望自己老后给子女添负担，可是也总不能不管老大的学费和老二的复读费吧，所以这每月8000元是无论如何也不能当作退休生活资金，为了子女我们做父母的几乎付出了一切，可我们自己的退休生活该怎么办？最近经常有报道说不少老人将自己的一辈子都给了子女，可到老了却过着孤苦伶仃的生活，看到这些我就更觉得指望子女来照料自己的退休生活简直就是在欺骗自己，我们这一代人负担父母的退休生活都有一定难度，更何况形势更为严峻的未来，我们又怎么能指望我们的孩子来照顾自己？

所有人的表情都很严肃，似乎都在思考着什么，崔小天其实通过罗富东的遭遇早已发现对子女教育的过度投入存在很大弊端，他一边读着大屏幕上的文字一边不住地点头。

“这个问题的确很难让人做出抉择，经常有人会向我咨询有关退休生活资金筹备的问题，这些年纪在30岁到50岁出头的人都能深刻感受到筹集退休生活资金的重要性，但其中很多人却诉苦说自己拿不出钱来做这件事，那我就想问了，如果子女的教育需要钱，你难道也会持这种态度吗，无论如何也不给子女支付教育费？我想大家的做法应该是不顾一切给子女筹集费用吧。因此要让他们选择是退休生活应对重要，还是子女教育重要，许多人觉得很难，但奇怪的是，从这个问题中，我们却能很轻易得到答案。”

马修教授说到这里，会场里的气氛显得有些沉重，大家都在等着马修教授下面的话。

“如果诸位的孩子已经到了明辨事理的年龄，我建议大家直接去问问孩子。如果孩子尚小，你们可以处在孩子的立场来考虑这个问题，退休生活应对不仅是夫妻的事，同时还关系到孩子的未来，如果由你的孩子来赡养你，那么他将在他29年的工作时间内履行26年的赡养义务，这样一来，你所深爱着的、希望他事业有成的孩子的事业必然很难到达你所期望的高度，所以说为了孩子而牺牲自己的退休生活应对，将所有精力全放在孩子的教育上，这在客观上并不能帮助到孩子的未来。所以我说退休生活应对必须优先于子女教育，同样买房或购车这些财务支出与它相比也只能位居次席。基于退休生活应对的重要性，我们今后无论遭遇什么经济困难，都不能将用于退休生活应对的资金挪为他用，必须对其进行分开管理，希望诸位能立刻行动起来，首先试着将10%的子女教育费转为退休生活资金。”

马修教授说完这些后，会场十分安静，所有人都一言不发，陷入沉思。马修教授让大家先休息10分钟，人们便三三两两地离开座位来到走廊上，崔小天也来到外面，窗外夜色已浓，马修教授说过的话又一字一句地闪现在眼前，其中“就算行乐须及时，也不该放任晚景凄凉”这句话始终在他的脑海中挥之不去。

“我的担忧会变为现实吗……绝对不能，一定不能让这一切发生，就像教授说的那样，最重要的是马上行动起来！”

诱惑和误区 **现在都忙不过来了，还管什么30年后，等我真正退休了一切都会变好的。**

理财建议 **现在的准备决定今后30年！没有准备的退休生活必然会让你追悔莫及，重要的是从今天开始，从现在开始！**

准备好三大资产，一生不缺钱

十分钟的休息时间过去了，大家回到座位上，崔小天也将杯中的咖啡一饮而尽，回到座位上打开笔记本。等所有人都入座后，会场的灯光暗下来，大屏幕上闪现出一行文字，大家赶紧仰头看。

三大资产

“最后我想和诸位说一说关于如何筹集人生‘三大资产’的问题，有人知道三大资产是哪三大资产么？”

“所谓三大资产是不是股票、储蓄和房地产？”

一位戴着金边眼镜的中年人自信满满地回答道，崔小天也是这么认为的，马修教授轻轻一笑，似乎这个回答已在他的预料之中。

“每当我提出这个问题时，很多人的脑海中浮现的都是股票、储蓄和房地产这三样东西，但我所指的这三大资产是用手触碰不到的，却是确实能承载我们未来的资产，在诸位的资产目录中绝不能少了它们。”

马修教授的话让崔小天侧着脑袋思考起来，如果三大资产不是股票、储蓄、房地产，那么又该是什么？冥思苦想中，大屏幕上“三大资产”的标题下又以动态效果的模式弹出另外三行文字：

三大资产

1.保障资产

2.退休资产

3.投资资产

“保障，退休，投资？”

崔小天有点犯糊涂了，在他看来，既然说的是资产，那应该是一些理财的基本项目，怎么大屏幕上却意外地出现了这么几个词语，其他与会人员的脸上也露出了和崔小天一样疑惑的表情。

“我刚才说得很清楚，我把这些资产称为‘承载未来的资产’，现在我们手头上有多少钱我并不关心，为了未来而准备的资产才是我想探讨的内容。”

马修教授的脸上仍然带着微笑，似乎众人惊讶的反应让他觉得很有趣。

准备好保障资产！

大屏幕上又出现这么一行字，马修教授继续往下解释：

“那就让我们先认识一下三大资产中的‘保障资产’，诸位努力工作换来的是固定收入，但是如果有不幸降临到自己头上，比方说自己或家人突然身患重病，或是遭遇事故，随之而来的必然是大额的支出，如果不凑巧，这些变故正好发生在入不敷出的四五十岁时，显而易见，家庭财务必然遭受重创，而要想东山再起，已是难上加难。为了应对这种情况，我们就必须准备保障资金，也就是大家常说的保险。”

马修教授强调为了应对突发情况必须购买保险，其架势俨然是名保险设计师，这让崔小天回想起几年前一位保险设计师也曾说得这么吓人，鼓动自己购买保险，在和马修教授谈论过宋嘉成的事后，崔小天已充分认识到保险的重要性，但由于现在并不能立刻享受到保险所带来的好处，他还是不能马上就下决心。

“保险确实能帮我们渡过一些难关，但是各式各样的保险费用也是一笔不小的开支，说老实话，我总感觉把钱拿去买保险和扔在路边没什么区别，这太让人心疼了，而且当保险期满后，一部分本金还拿不回来，所以我一直对它不感冒。”

有人说出了自己的内心想法，崔小天十分高兴，人群里也有不少人应和。

“不能把购买保险看作是白扔钱，当负面事件致使我们经济出现困难时，保险就是一种提供救援的安全装置，帮助我们克服困难，走出逆境，总而言之它就是我们的‘保障资产’，并且如果我们仔细观察各类保险产品，会发现自己的钱并没有白花，相反它还能满足我们的理财需求。”

马修教授再一次强调保险是能够在未来遭遇变故时提供经济补偿的优秀资产，建议在座的人都要去咨询专业的保险设计师，根据自己目前的资金和身体状况挑选合适的保险产品。

“我绝对同意您必须持有保障资产的观点，不久前客户公司的一位总监因癌症做了手术，如果之前他没买保险的话，那么他一下子就得拿出近10万元，没有人会替他支付这笔钱。如果某些人拥有足够的备用资金，或许可以不必考虑此事，但对于大部分人来说，哪怕存在着债务问题，也要进行这方面的投资。”

说这话的人说自己在探视完病人后很快就买了癌症保险和人寿保险，一听此言，很多人的想法开始动摇。

“没错，它所提供的保障实际上是‘针对未来的一种资金担保’，在身体健康的年轻时期将收入的5%~8%作为保障资产，就能应对一切突发状况。”

马修教授将眼睛转向大屏幕，轻轻一按手中的遥控器，画面又更换成另一行文字：

准备好退休资产!

“有了保障资产后就应该考虑退休资产了，我刚刚已经强调过退休生活应对的重要性，我就不再多说了。”

马修教授喝了口水，继续说道：

“退休就意味着今后将不再有收入，诸位年轻时能用收入负担起一家人的开支，而退休后没有收入，因此在年轻时就必须把费用提前预备出来，当然从国家的角度来说，养老金制度就是为了应对此类情况而建立的，今天在座的都是职场人士，估计大部分人每个月的工资中有一部分是缴纳了养老金吧？”

“养老金？”

崔小天知道养老金存在很多争议，他本人也不太看好养老金，马修教授一提到养老金，会场里顿时热闹起来。

“可实际上养老金并不安全，任由现在这个态势发展下去，它肯定会有枯竭的一天，现在不是有传言说养老金已经入不敷出了吗？”

“哈哈，我从报纸等各种媒体了解到养老金存有很大争议，今天我要是在这里评判政府的养老金制度显然不合适，但有一点确凿无疑，那就是当诸位退休后，光靠养老金远远不够支付开支，所以我们必须通过追加养老金或储蓄的方式来筹集退休资金。”

此前崔小天每当和别人讨论起养老金时，对于政府他总是极尽嘲讽之能事，从来没有考虑过相应的对策，可越是嘲讽反而越让人感到他曾经其实非常相信养老金，马修教授看穿了崔小天的想法，接着往下说：

“这么说吧，要想让自己的未来得到最坚实的保障，只能依靠自身的努力，而不能指望他人，养老金也是一样，它有可能像诸位担心的那样极不稳定，也可能像政府承诺的那样成为退休资产，怎么办？我们是不是有些犯晕了？到底该相信谁的话，既然我们一时无法确定，那我们就要找到我们能够确定的东西，追加个人养老金或储蓄就是出于这个原因。除了养老金外，从法律上说诸位还能获得一个保障，诸位知道是什么吗？”

“什么？国家还能给我们其他保障？”人们感觉很惊讶。

“哈哈，看来你们还真不知道，这个问题的答案就是退休金或退休年金，当我们离开单位时拿到手的退休金是一笔非常棒的退休资产。”

“哎呀，我已经跟公司结算过了，我把它拿来还了房贷。”

坐在角落的一名男子忧心忡忡地说道。

马修教授扫视了一下会场，接着说：

“退休金是很重要的退休资产，因此不可以在退休前将它取出花掉，也不能把它与别的资产混在一起，将退休金作为退休资产进行分开管理这一点十分重要，但最重要的是，要从现在开始准备自己的退休资产。”

众人纷纷点头，完全被演讲的内容所吸引。

“要是以个人的收入来计算，需要准备多少退休资产最为合适？”

“当然是多多益善，但现实情况却是，由于各种因素的干扰，每月即便多拿出1000元都有一定难度，但当我们有了一个标准后，情况就变得简单多了，一般来说我建议大家将月收入的15%作为退休资产。”

15%，听讲的每个人都在默念这个数字。马修教授又点击了一下鼠标，大屏幕上闪现出最后一行文字：

准备好投资资产！

“诸位最后要准备的资产是投资资产，它包括提供给一家人居住场所的住房、子女的教育费和子女结婚费用、剩余资金等。一般人习惯将自己所拥有的全部资产都称为投资资产，用贷款购入的房子和汽车也被列进投资资产，但是我在这里所说的投资资产是指那些没有债务关系的可动用资产。”

“按您的说法，用贷款买的房子和汽车就不能被放进资产目录……可这些明明是我名下的财产啊，难道不属于我的吗？”

看到有人提出了自己之前问过的同样问题，崔小天心底暗自发笑。

“汽车和目前所居住的房屋尽管属于我们名下，可是为了能拥有它们，我们必须向银行贷款，还要不断地支付费用，所以不能称它们为投资资产，它们更像是奢侈性（费用性）资产。为了全家的幸福，在购买住房时必须选择一套与自己经济实力相符的房子，最好将每月的连本带息还款额控制在月收入的30%以内。

“另外我们再说一下之前有过争议的子女教育问题，与退休资产相比，它只不过是位置稍微靠后，但这并不代表我们不用筹集这部分投资资产。诸位必须记住一点，前面提到的保障资产和退休资产是必须准备的重要资产，哪怕身背债务也不可忽视，投资资产则是在还清所有债务后再进行准备的资产。”

不知不觉中研讨会进入了尾声，随着时间的流逝，人们的思绪都沉浸在马修教授的演讲中，崔小天觉得这也是一个将上次与马修教授的谈话内容重新整理一遍的好机会，因而十分满意这次听课的收获。

“诸位即便成不了富翁，只要准备好这三大资产，这一辈子就不会遇到经济上的难题，我之所以敢这么说的理由是，如果本人意外死亡或得了大病，保障资产可以保护你的家人；如果退休后失去了固定收入，退休资产和投资资产就能保护你本人。”

马修教授的这段话让崔小天感到羞愧，他自己老是盯着股票，总幻想着能轻轻松松赚钱，实际上为了自己和一家人的未来所做的准备工作少之又少。

“很多人都想着只要自己发了财，成了富翁人生必然就会很幸福，其实诸位如果能在没有债务的前提下准备好这‘三大资产’，我确信诸位的生活将比任何富翁都更加幸福。好了，今天的演讲就到此为止。”

会场里的灯重新亮起，马修教授向众人鞠躬示意，大家都站起来对马修教授的精彩演讲报以热烈的掌声。崔小天也使劲鼓掌，感谢马修教授让自己摒弃了错误的金钱观，为自己指明了正确的人生方向。

没有目标的投资就如同搭乘了一架速度极快却没有目的地的飞机，投资理财，方向比速度重要一万倍。要想将“钱的种子”培育成枝叶茂盛的发财树，必须学会等待。目标和时间就是投资获得成功的秘诀。

Chapter 5 让投资收益翻倍的理财策略

冷静看待“内部消息”

午饭时间已过，陶志海只好买了一个热狗充饥，他一边吃一边忙着打电话。

“家兴啊，是我，最近过得怎么样？”

陶志海正在给高中同学打电话，客套了几句后，他说出了借钱的事。

“没错！这次绝对错不了，是我一个朋友向我透露的信息，这次想都不用想直接往里杀就行了，我敢百分之百打包票，你就先借我15万吧，以后我按比银行还高的利息还给你。”

两人你一句我一句又扯了一大通，后来陶志海只听见话筒里咔嗒一声，电话被挂断了。

“唉，小气鬼，都说不用多久就能还了……什么？这么炒股等于是在赌博？炒股不是赌博还能是什么，如果不这么干什么时候才能挣到钱？傻瓜！”

陶志海自个儿嘟囔着，将热狗一口塞进了嘴里。他把手机里的通信录翻了个遍，再也找不出能借钱的人，把手机往兜里一放，他的心情烦躁起来，虽然不久前因为错误情报损失很多钱，但在他看来只是自己命不好罢了，这次是一个挽回损失的绝好机会，可自己财力却跟不上了，这让他心急如焚。

“妈的，股票这玩意儿就是多投入才能多产出……光靠前些日子发的业绩提成还是不够啊，把这些钱全都投进去也赚不到什么钱。”

陶志海准备把到手的业绩提成投进股市，为此他四处打听内部消息，最后终于让他逮住了一个机会，他的一个朋友所供职的公司要进行秘密合并，他觉得这是个天赐良机，要是错过就太愚蠢了。

“为什么人们总是在机会到来时不懂得去把握，这些愚蠢的家伙，连送到嘴边的肥肉都不吃。”

陶志海下班后和这位朋友见面又聊了聊，公司合并仍在进行中，没有任何变故，这让陶志海更坐不住了。

“这样下去也不是办法，现在每分每秒都很珍贵，得赶紧想办法解决！”

和朋友道别后他快步走在马路上，心急如焚，既然打电话不行，只能当面找人说了。由于秋天已至，天气变得凉爽起来，送走了闷热难挨的夏天后，路上行人的步伐也显得更为轻快。

“今天天气真不错，我得加把劲了。”

走向地铁站的陶志海突然想起崔小天的办公室就在附近。

“对了，听说小天兄也在炒股，要是我把这个消息告诉他，说不定他还叫我也算上他的一份。嗨，我怎么早没想到呢？”

陶志海赶紧拨打崔小天的电话，正巧崔小天也准备下班，陶志海和他约好在附近见面。

“哥哥，在这儿呢。”

崔小天一进咖啡店，陶志海高兴地挥动着双手。

“有什么事吗，今天是10月的最后一天，这种日子不是更适合独自一人呆在家中回忆往日恋情吗？”

一句玩笑话让两人哈哈大笑，陶志海叫来服务员。

“要不来杯美式咖啡？今天我买单。”

两人边喝咖啡边聊起俱乐部的事，之后又聊了一会儿国内外的热点事件，在聊天的过程中陶志海的表情始终显得有些心不在焉。

“对了，你找我到底有什么事？似乎俱乐部那边也没什么事，你约我晚上见面总不至于就是和我聊天下大事吧？”

崔小天觉得没必要浪费时间在这闲扯，就直截了当地说道。陶志海被搞得有些不好意思，尴尬地笑了笑，说出了自己的本意：

“也没什么，哥哥你也炒股吧？这次我弄到了一个绝对可靠的内部消息……实际上股票这东西光靠业绩公告和个人分析很难赚到大钱，那些真正的股票玩家们都互相分享着内部消息。”

崔小天听陶志海这么一说，立即有一种不祥的预感，虽然自己知道陶志海也炒股，但是从未和他讨论过股票的事，因为俱乐部的人都说炒股和赌博没什么区别。

“什么，内部消息，能赚大钱的消息为什么要和我说？看来和我见面不单单是把消息告诉我……”

崔小天想到这里，内心渐渐不安起来。

“所以说呢，要不哥哥也来投资一把？你要是有多余的钱，能不能借给我一些当作投资资金？”

不祥的预感还是得到了验证，陶志海告诉了崔小天一个疑似从证券市场流出的小道消息，就凭这样一个可以说是子虚乌有的小道消息，就来找自己借钱，崔小天真想马上离开此地。

事实上如果放在以前，一听到有内部消息，崔小天的耳朵马上就会竖起来，但自从听了马修教授的忠告后，崔小天已学会根据自己的资产规模一步步地积累财富，不再幻想有一天一夜暴富的事了。

“我现在对炒股已经不感兴趣了……不行，我得走了。”

一看崔小天起身要走，陶志海紧张起来，觉得怎么也得再劝劝。

“志海啊，希望你别嫌我唠叨，股票是我们这些上班族除去工资以外获得额外收入的一种理财手段，但是你要知道它毕竟还属于理财范围，我们不能指望靠它一夜暴富，要是那样它和彩票还有什么区别？我听周围不少人说你炒股简直就是在赌博，这种炒股就不能叫理财了，而且还很容易受一些虚假消息的误导……”

“是谁这么说的？竟敢说我是赌博？”

“不是说你赌博，是说你炒股像赌博……”

崔小天对陶志海的过激反应很是惊讶，当然自己的话确实说得有点过分，从眼下陶志海的反应来看，自己再说什么恐怕也不管用。

陶志海低着头，沉默了片刻后，端起水杯喝了一大口，随即说道：

“哥哥，如果你不愿意也没关系，投资还是不投资完全取决于你自己，我也没什么可说的。”

陶志海顺了顺气，将杯中的咖啡一口喝光。

“哥哥，我冲您发火了，实在对不起，但说白了，炒股不就是赌博吗？那些靠股票挣大钱的人根本就不把彩票中奖当回事，所以我也想通过股票来赚大钱。”

陶志海有些赌气地申辩道，他看了一下手表，准备结束这次谈话，崔小天也不知该说些什么，本来他打算把马修教授的理财观念告诉陶志海，但一看他根本无心接受，便放弃了这个想法。

陶志海走在熙熙攘攘的人群中，心情郁闷至极，走到地铁入口处，他点燃了一根香烟，开始考虑接下来要去见谁，可想了老半天，实在想不出合适的人选。

“不如先回家再好好研究一下这只股票，这么重大的消息，报纸和证券新闻怎么只字未提呢？”

他又转念一想，这次公司合并是在绝对保密的状态下进行的，肯定不会向外界透露半点风声，不管怎样既然自己已经掌握了别人都不知道的内部消息，只要把钱准备足了就行了。陶志海在回家的路上，还一个劲地给人打电话找人借钱，但结果都令他失望，他还不能向兄弟姐妹或亲戚们借钱，因为之前宋嘉成的事就是一个最好的教训，他并不想把家人也牵扯进来。

“等等，既然这个消息确凿无疑，那何不直接从银行贷款？要是真像那小子说的那样，有了这么一块大肥肉何愁没钱还呢？更何况不用多长时间就会出来结果，利息也不会有多少。”

仔细琢磨一番后，陶志海突然紧攥拳头，他最终拿定了主意，既然自己肯定能获得一笔不菲收入，那么就无须担心贷款的偿还问题了，去银行贷款吧！

投资不是赌博，务必要保留活路

崔小天握着已经凉掉的咖啡杯，呆呆地凝视着窗外，明明已经送走了寒冬，首尔还是看不到一丝春天的气息，整个城市灰蒙蒙的，在风沙的覆盖下昔日热闹异常的街道也失去了往常的活力。

这是3月的一天，已经连续好几天受沙尘暴的侵袭，今天又传来一个不好的消息，宋嘉成的病情每况愈下，再次住进了医院，首先得到消息的吴俊飞正好在外面办事，他去医院探望完宋嘉成后回到了公司，吴俊飞低沉着脸说宋嘉成看起来状态极差，告诉崔小天最好赶紧去见他一面。

“什么，又进医院了，去年秋天出院后就一直没有他的消息，我还以为他病情好些了，可是他连一份保险都没有，这可怎么办呢……唉！”

虽然公司的事已搞得崔小天焦头烂额，但是他必须得去医院看望一下宋嘉成，俱乐部已经很长时间没有组织活动了，再加上他一直忙于处理公司事务和个人财务规划，好久没和宋嘉成联系了，没想到对方又再次入院，这让崔小天心生几分愧意。

下班后崔小天来到宋嘉成所住的医院，听医生说出情况不太乐观的话后，崔小天一时思绪万千，晚期癌症患者到了最后阶段会十分痛苦，而守在病床边的家人所承受的痛苦也不亚于病人，崔小天也只能重复着安慰话语，最后实在不忍心再看下去，转身离开了病房。

为了赶上医院的探视时间他连晚饭都没顾得上吃，一走出医院崔小天的肚子就开始咕咕叫，于是他走进附近的一家餐馆准备填饱肚子，忽然发现陶志海正独自一人喝着烧酒，桌子上摆着一碗土豆汤，刚才宋嘉成的妻子还说陶志海才来医院探视过，却没想到会在这里遇见他，自从去年秋天见面后两人就再没联络过，所以这次再见面多少显得有些尴尬，但无论如何也不可能视而不见。

“陶志海，怎么一个人喝酒，有什么不开心的事吗？”

崔小天坐在了陶志海的对面。

“哦？是你啊，真巧，你也是来看嘉成兄的？”

“是的，从医院出来后饿得不行就进来吃点东西。看来探视完嘉成兄后，你心里也不好受啊，跑到这里一个人喝闷酒。”

坐下后才发现陶志海一脸愁云。

“是，也有这个原因吧，但我也有自己的苦衷啊。”

看着陶志海垂头丧气的样子，崔小天似乎猜到了原因，他想起去年10月份见面时的情景，这肯定是和上次讨论的事情有关。

陶志海尽管屡遭挫折，但在崔小天的眼中，他始终是个对生活充满激情的人，然而今天却无精打采地一个人喝闷酒，这让崔小天产生了些许的同情。

“哥哥，这世间不如意的事可真多啊！”

陶志海没再继续说下去，崔小天将陶志海面前的空酒杯斟满，陶志海死死地盯着酒杯，过了一会儿开口问道：

“哥哥，最近还炒股吗？”

“嗯，也没赚到什么钱，还挺伤脑筋的，后来我全抛了，还记不记得以前我和你说过什么？炒股这东西不能太贪心，现在我把钱都交给专家们打理，只进行了一些间接投资。”

“是么，当初真该听哥哥的话，我现在是倾家荡产了。”

“什么话？你可是公认的高手啊，而且从中也尝到了不少甜头，上次你不是得到了一个内部消息吗……”

“就算是高手又有什么用，实际上都是自己在打肿脸充胖子，我现在真是身无分文了，成了一个彻头彻尾的穷光蛋……”

“到底发生了什么事，你就敞开心扉直接说吧。”

“哥哥，我们先吃东西吧，你不是肚子饿么，吃完饭我再慢慢告诉你。”

崔小天叫来老板娘，点了一份石锅拌饭，看着面前一筹莫展的志海，饭菜端上来，崔小天没吃几口便放下了手中的勺子听陶志海道出事情的原委。

陶志海详细讲述了去年秋天和崔小天提过的事情，在大成陶瓷企划室工作的朋友向他透露了企业合并的消息，正巧当时他拿到一笔业绩提成，正为何处投资而苦恼，所以他就认为这是一次绝好的机会，便将存折里的余额、业绩提成以及银行贷款全部投在了大成陶瓷上。

“陶先生，只凭一时的感情冲动或内部消息来进行投资，挣来的辛苦钱都会赔进去的，你觉得好像就你一人知道这个情报，其实这些内部消息早就泄露了。要想投资获得成功，必须挑选业绩优良的股票进行长期投资。”

在证券公司负责个人业务的金经理帮助陶志海进行股票投资已有两年，他认为大成陶瓷的经营状况不够稳定，建议他要进行风险控制，但陶志海以“高风险高回报”为由断然拒绝。

由于自己的一意孤行，之前的几次证券投资都遭受了挫败，陶志海后来放低姿态，听从金经理的建议只投资大盘绩优股，但是性情急躁的陶志海经常会在股市稍有动荡时便立即割肉，稍有利润便坚决抛掉。金经理虽然告诫他这种投资方式十分危险，但在陶志海看来，要是自己一直按他的意思投资，肯定会错过一夜暴富的机会，最终他将公司发的10万元奖金和15万元贷款全部投资在大成陶瓷上。一开始的确和他想象的一样，合并消息公布以后，股票立即涨停，他也获得了一些收益，但这其实是个甜蜜的陷阱，等到第二天大成陶瓷的股价没了动静，于是庄家们开始出货，市场出现大量抛盘，最后直至跌停。

“陶先生，现在赶紧抛掉大成陶瓷，这只股票有问题，我不是告诉你只能投资绩优股吗？今天抛掉还来得及。”

金经理反复强调投资中最重要的是遵守投资原则，仅凭手中掌握的某条信息，将资金全部投在一处最为危险。

“再等等看，现在是不是增仓的好时机？我要再往里投些钱。”

陶志海似乎中了邪，想利用这次机会将所有损失全部捞回，他又向银行追加贷款15万元，之后又将用作退休生活资金和住房扩大资金的储蓄型基金和定期储蓄共计15万元全部取出，共计30万元的资金全被他用来购买大成陶瓷这只股票。

没多久大成陶瓷宣布取消合并计划，这直接导致股价一路下跌，屡创新低，在竞相抛售的情况下陶志海也只得撤出，最后只捞回一半的本钱。后来债台高筑的他只要听到股票二字就心生痛恨，可这只是暂时现象，由于报纸电视上老是报道海外基金收益率是如何的高，他又有些动心了，他听见内心有个声音在对自己喊“人生就是一场赌博”，于是他将住房抵押贷款拿出资金投在日本基金和印度基金上，结果受世界经济疲软的影响，新兴市场也出现利空消息，日本和印度的股市相继暴跌，心情急躁的陶志海不顾银行职员要其长期持有的劝阻，宁愿蒙受巨大损失也要将基金全部赎回。在短短的时间内他遭受了双重打击，并且以他目前的经济实力已是回天乏术，最令他痛苦的是，在赎回基金后没多长时间，市场又趋于平稳，股市又重新回到之前的高点。

听了陶志海的遭遇后，崔小天想起自己之前也曾冒充股票高手而赔得一塌糊涂，他有些后悔当初怎么不劝劝头脑一时发热的陶志海，觉得自己通过陈文华见到马修教授真是幸运，如果不是这样，自己也肯定会和陶志海一样，为了挽回损失而不断地出昏招。

回到家中的崔小天仍沉浸在思考中，股票和基金并不像有些人说的那样一无是处，以上班族的立场来看，它们都是行之有效的理财手段，问题是我们不能像赌马一样一掷千金，也不能操之过急，这些都属于错误的投资习惯。

“我得再拜见一下马修教授，研讨会结束后就再没见过他，想当面再听听他关于投资方面的具体建议。”

投资理财，方向比速度重要一万倍

马修教授今天来到一家离崔小天工作地点很近的监理公司，与董事长面谈后在返回的路上接到了崔小天打来的电话，两人约定在附近的一家咖啡店见面。崔小天说了陶志海的事，希望马修教授能在投资方面给予一些建议。

“听我的建议之前还是先谈谈你自己的想法吧，你觉得你那位朋友投资失败的原因是什么？”

“陶志海没有听进证券经纪人关于风险控制的忠告是最主要的原因，另外他没有长期投资的目光，只在乎短期的成败也是一个不容忽视的要因。”

“说得很对，不考虑风险，只顾眼前利益而进行短期投资是这个年轻人失败的直接原因，但是你有没有想过比起这个来，最根本的原因是什么？”

“这么说的话应该是性格吧？据我观察陶志海是个急性子。”

崔小天想起了在俱乐部组织的活动中陶志海的表现，他觉得应该是这个答案。

“性格……也有一定的道理，但我想从另外一个角度来看待这个问题，陶志海之所以会为了眼前利益而纠缠于短期投资上，是因为他没有一个明确的投资目标。”

“投资目标？”

“人们在投资时经常会说要达到一个什么什么目标，但你仔细留意他们的话，会发现他们所说的目标只不过是一些非常模糊的愿望，当我们问这些人‘你为什么要投资基金’，大部分人的答案都一样，‘想多赚钱呗’，我们再问‘为什么想多赚钱呢’，他们就会觉得提问的人很无聊，怎么会问这么奇怪的问题。”

马修教授的话让崔小天频频点头。

“现在的人只要一想到理财，就会被不注重目标而只想赚钱的强迫观念所左右，‘财务稳定’不被人们重视，人们最为看重的是只有成功人士才可享受到的‘财务自由’，如此一来，很多人都将通过理财赚取更多的收入视为终极目标，这就直接导致他们会忽视投资原则，只顾追求眼前的短期利益，最终陷入投资泥潭中而无法自拔。”

马修教授指出陶志海就属于这种情况。

“他们只要得知股票市场或房地产市场开始上扬，便会迫不及待地杀入，然后不等待最好时机，只要稍有下跌，便赶紧全部抛掉。然而，当你有一个具体的财务目标后，并且对这个目标有充足的信心，那么即便你是个天生的急脾气，也会逐渐磨炼出恒心和毅力，你说对不对？”

喝了一口咖啡又喝了一口凉水，品味着浓缩咖啡独特香味的马修教授另辟蹊径，找出了问题的原因。

“听起来的确是这么回事，我在炒股的那个阶段满脑子想的都是怎样赚取更多的钱，却从没有想过给自己制定具体的目标。”

崔小天想起大学里的一位前辈，在生活中是个急性子，但在投资股票时却表现得异常慎重，一直坚持长期投资，十分注重股票投资的收益稳定性，从他的例子也能看出性格虽然和投资存在一定关系，但绝不是失败的根本原因。

“假设你终于坐上了前往海外旅行的飞机，当滑行在跑道上的飞机离开地面冲向天空的那一瞬间，你的心情肯定是无比的兴奋，但在起飞后不久，机舱里传来机长的声音：‘旅客朋友们，我们现在正以极快的速度翱翔于蓝天之上，但是我们还不能确定在哪里降落。’试想一下座位上的你会是怎样一种心情。”

“你的意思是方向要比速度更为重要，我在教授的上次演讲中也充分感受到了这点，我觉得您所提出的‘三大资产’就应该是我投资的目标。”

马修教授点点头，继续说“投资目标”这个话题：

“这便是我想表达的核心内容，为了确保三大资产来进行投资和储蓄，是我所提倡的‘有目标指引的理财’。没有明确的目标，再好的方法和理论也是镜花水月，我们的投资也是一样，最重要的是先搞清楚为什么而投资，目标明确的人如果能建立一个对目标达成有帮助的投资计划，将全部注意力放在投资计划的执行上，就会意外地发现投资会具有事半功倍的效果。”

马修教授的字字句句都让崔小天听得十分入迷，马修教授也被他的情绪感染了，微笑着继续解释道：

“我见过很多人都迷失在泛滥的财经资讯洪水中，欲望实在太多，一会儿这样，一会儿那样，忙得不亦乐乎，但是人生怎能全由欲望来支配呢？”

马修教授劝告崔小天不要将投资数量和投资成果混为一谈。

“生活没有目标，被别人牵着鼻子走，这样的人生十分空虚，同理，如果理财没有目标，也就和海边的沙子城堡一样，很容易就被海浪冲垮。”

“没有目标的人生……没有目标的理财……”

崔小天这才发现在自己的潜意识中，只是知道要努力赚钱，却不知为了应对人生中不可预知的危险需要提前做好准备，一心想成为富人的强烈欲望蒙蔽了自己的双眼。

“你还记不记得上次我所说过的两个财务目标？至少将每月收入的5%和15%分别作为保障资产和退休资产，同时你还要还清所有债务，当然这不包括用每月30%的收入来偿还的住房抵押贷款，怎么样？你能做到这些吗？”

马修教授问崔小天是否能准备好自己的保障和退休资产。

“可以，自从我听了教授的教诲决心成为‘钱的主人’后，我就在努力还债，为了应对意外情况的发生我已经有了保障资产，同时不久前已经开始准备自己的退休资产，以应对没有收入的退休生活。”

崔小天说自己已经在准备保障资产和退休资产，并且补充说自己对未来的生活充满信心。

马修教授叮嘱崔小天如果已经开始朝着这两个目标迈进，那么下一步就要将更多的精力放在子女教育费、剩余资金、购房资金等投资资产的筹集上。

投资成功的关键：确定目标

“没错，在保障资产和退休资产都能保证的前提下，要开始正式筹集投资资产，如果从现在起你的投资都有目标的指引，那么接下来就会有神奇的事情发生。”

崔小天此前品尝过投资失败的滋味，所以对马修教授的这句话十分感兴趣，他将椅子拉得离马修教授更近了一些。

“我们来看一下，一个普通家庭的年收入为20万元，那么在一家之长的一生中就有六七百万元从他的手中经过，的确是笔巨款吧？单从这一点来看，大部分的一家之长都有机会成为百万富翁，如果这个一家之长很善于管理资金，通过他的运作，这笔巨款甚至会增长几十倍乃至几百倍，但如果这个一家之长十分散漫，便容易丢掉这个机会，不要说将这笔资产扩大几十倍，甚至还会在不经意间扔掉这笔钱，让家庭陷入财务危机，这样的例子实在是举不胜举。”

“与自己的期望相反，最后弄丢了这笔钱，这倒是很有可能，可难道还有人会把这笔钱扔掉吗？”

“陶志海不就是这样吗？他就不能算把钱弄丢的，而是自己把钱扔掉的，投资没有任何目的，不考虑任何风险，看到眼前有利益就扑上去，这和不顾一切往前冲的堂吉诃德有什么两样？所以把这种投资方式叫做扔钱更为合适。”

仔细想想倒也是，陶志海是一位收入颇丰的专业人士，在这5年时间每年的收入近50万元，可如今手里却一分不剩，平时他的生活也不怎么奢侈，可是钱却全都不见了。

“钱对我们的生活十分重要，但是关于如何操控钱的技术，包括学校在内，没有人会传授你这方面的知识，因此就有了这些荒诞不经的事。其实在生活中，要是逐一分析我们所感受到的喜怒哀乐，会发现其中的大部分都与钱有关，是能保持平心静气，还是陷入不安之中，这取决于我们如何操控手中的钱。你今后也要在这方面多下苦功，以防自己在钱的问题上犯错，只要你操控钱的水平达到游刃有余的程度，那么幸福必定会陪伴你一生。”

马修教授望着崔小天，脸上露出满足的表情，看着崔小天能够按照自己指引的方向修正价值观，他有一种重新站在大学课堂上授课的满足感。将杯中的浓缩咖啡喝完后，马修教授又提醒崔小天还必须注意一点：

“在投资前你一定要牢记，无论谁，只要投资必定想着挣大钱，于是有些人便铤而走险，不去考虑投资该如何起步，而是被一些无法实现的巨额利润所诱惑，最终迷失了方向，陶志海便是此类型的人。”

崔小天点头称是，侧耳聆听教授的分析。

“但很讽刺的是，挣到大钱的人却往往都是从一张纸币开始他们投资之路的，也就是说，在投资中一定充分认识到投资本金的重要性，要记住，在你随随便便把能够成为种子的纸币扔掉时，你未来的发财树也在逐渐地枯萎，那些创造出巨额财富的真正富豪们都十分坚信自己能够将一块钱的种子培养成参天大树，而他们也的确在肥沃的土壤里种下了一粒粒钱的种子。”

崔小天问钱的种子到底是什么东西。

“在投资世界里，钱的种子可以看作是本金，但是本金如何获得？大部分本金要靠你辛勤的工作来获得，白手起家的富翁不断地创造收入，再将收入的一部分拿来投资，最终收获枝叶茂盛的发财树。但是反观陶志海呢？他有着一份比普通人条件更好，待遇更丰厚的工作，因此他所拥有的种子的品质肯定要好于旁人，可惜的是他本人并没有好好利用收入这一强有力的武器，胡乱进行投资，结果连本都赔进去。你看一下这个！”

马修教授把咖啡杯置于一旁，打开笔记本电脑。

投资者	月收入	月支出额	用于投资的本金
A	50000元	47500元	2500元
B	10000元	5000元	5000元

“你觉得10年后，上表中的A和B，谁积累的财富更多？”

“乍看上去好像是收入更多的A，但是要以两人的投资本金来判断，还是B的财富更多。”

“没错，虽然B的收入很少，但是他知道月收入的重要性，生活比较节约，谨慎地做一些投资，所以投资本金要比A还多，与之相反，A由于过度消费以及投资不慎，白白损失了好多的投资本金。”

马修教授用圆珠笔指了指B的“用于投资的本金”和“月收入”，直视着崔小天的双眼。

“沃伦·巴菲特的财富之所以排在世界前几位，其中一个秘诀便是‘储蓄和投资’，他在年轻时就知道该为今后打算，一直进行着投资和储蓄，哪怕是一美元也绝不乱花，将自己的开支始终控制在收入以内，这种投资习惯让他拥有一只能天天下出金蛋的鹅，通过这只鹅他成为美国首富，成为众多年轻人敬仰和羡慕的偶像，因此越是年轻人就越要懂得小额资本的价值和它的机会成本。”

每天20元，等于10年后的20万，30年后的1900万

认真地听完马修教授的讲解，崔小天提了个问题：

“我现在真的认识到了工资的重要性，但是光靠收入和资金管理，我们要把‘钱的种子’培养成参天大树，是不是得花很长的时间？”

崔小天这话的意思是自己原则上同意首先要播下钱的种子，但是他担心种子变成大树的时间会不会太长，马修教授听完后哈哈大笑，接着又耐心地解释起来：

“你所提到的‘时间’也是创造投资资产的一个秘密，如果不会利用时间，便很难创造出令人满意的投资资产。我们经常会见到许多人急于在短期内快速致富，但是越着急就越容易掉进金钱的陷阱，致富就不用谈了，到头来反而沦为了钱的奴隶。但是，有一点要记住，时间并不是永远保持一个速度的，现在总觉得时间过得很

慢，不知哪一天才能得出自己想要的投资资产，然而当你一旦步入成功的加速通道后，一切都不过是瞬间的事，在一天都不到的时间内甚至会收获到相当于一年的成果。”

马修教授似乎已料到崔小天会这么问，他的回答显得从容不迫，因为他非常清楚，人们对钱总是抱着一种急功近利的态度。

“再比方说，众人眼中的暴发户或名人其实也有一段只有他自己知道的辛酸史，可是他们忍受住了时间的煎熬，没有气馁也没有放弃，最终在某天一下子获得了成功。”

“一下子就成功了？就像那些一夜成名的诗人一样？”

“是的，但是大部分人都没有耐性，老是埋怨时间过得如此之慢，当他们放弃等待扭头而走时，殊不知成功已经无限接近于他们，只是他们没有等到这个瞬间，最终以失败落幕，这就和陶志海没等到股市的反弹便赎回基金一样，记住，如果不学会忍耐，成功是绝不会主动找上门的。”

两人谈兴正浓，似乎都忘记了时间，此时咖啡也已凉了，崔小天又续了一杯咖啡，马修教授接着往下说：

“那么，我再和你说说为什么不能太过着急的原因，你刚才续了杯咖啡，我就拿这个打比方吧，年轻人都比较爱喝咖啡，如果每天能省出一杯20元的咖啡钱，我们计算一下最终能节省多少钱。每天20元，按每个月20天来计算，每月能节省400元，一年下来是

4800元。这样吧，我们用excel表格来计算一下这些零花钱能够带来多少收益，如果将这笔钱拿来做5年的短期投资，无论是多高的复利收益率也不可能获得多少收益，但是如果我们做10年以上的长期投资就能拿到一笔巨款，表中25%的收益率是股神沃伦·巴菲特的20年间收益率，12%是新兴市场的预期投资收益率，每天随随便便就花掉的20元零花钱，在经过一定时间后竟然能变成1900万元的大金矿。”

● 假设把每天省下的20元咖啡钱用于投资，20天为400元，1年为4800元

投资时间	8%	12%	25%
5年	30427元	34153元	49242元
10年	75098元	94342元	199517元
20年	237230元	387354元	2057668元
30年	887260元	1297405元	19363046元

“哇！真神了，在30年的时间里每天省出20元咖啡钱，就能获得1936万这么恐怖的收入……”

“这便是复利的力量，即使一天投入20元也能筹集到巨款，复利就像是将时间作为养分的植物，最开始生长的速度可能较为缓慢，但经过一段时间后便飞速生长，而且速度越来越快。如果投资不过两三年就期待出现复利效果，这就好比摘吃还未熟透的果子，我们必须等到果实完全熟透的那一刻，千万不能因为吃了没熟的果子而去埋怨果子又小又酸。要想享受到复利带来的好处，就必须学

会等待，从这层意义来说，需要二三十年时间来储备的退休生活资金也正是因为复利的存在，从而为我们的退休生活提供了保障。”

崔小天听了马修教授关于复利和时间两者关系的说明后，内心燃起了自己也要收获一棵发财树的希望。

“但是在利用时间时需要注意一点，投资资产的增长并不与时间成正比，在积累资产的最初阶段，必定会走很多弯路，但同时也会掌握很多技巧，这个阶段最重要的是要学会忍耐。”

马修教授的笔记本上显示出一张曲线图。

“从这张曲线图可以看出，在一定时间段内资产的增长幅度并不明显，但是从某个时间点，也就是临界点之后增长的速度就如同

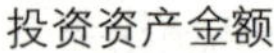

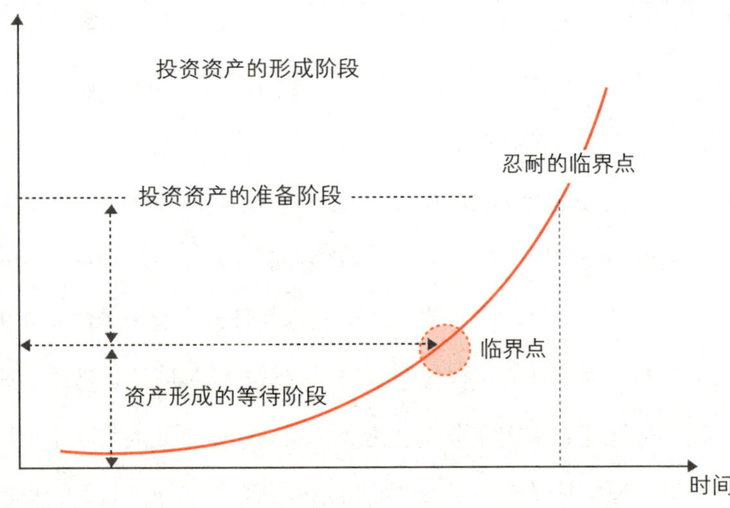

滚雪球一样呈几何级数增长，然而很多人在资产的形成过程中往往没有等到临界点到来的那一天便已放弃。一般在投资时遇到一些小困难人们都能克服，但是如果目标不明确，很多人便无法坚持到最后，投资也只能以失败告终。那些没有耐心的短线投资者就像兔子一样，过了半程后便被乌龟甩在身后，他们是不可能赚到大钱的，所以说在开始阶段虽然辛苦一些，但是不能放弃，要一直坚持到最后，长期投资非常重要，如果半途而废，必然会将自己的本钱都赔进去。

“你要是把咖啡钱给省出来，每个月就是480元，假如按照8%的年收益率进行投资，知道20年后是多少么？237230元，要是你想最大程度地利用投资资产的这种复利效果，你知道还可以怎么办吗？

“如果每月省出480元能获得237230元，那么要想得到237万元，就需每天播种下10个20元的‘钱的种子’，这样通过复利我们就能创造出充足的退休生活资金。”

崔小天也认为要想充分利用复利的效果，就不能忽视“时间的魔力”。

“是不是很神奇？你只要将那些不经意间从指缝中漏掉的钱牢牢抓住并好好利用，成功便属于你，要记住对于投资成功的人来说时间就是最强的武器，希望你每天都能用上时间这张秘密王牌！”

风险控制，越早学会，越多收益

马修教授的话让崔小天不住地点头，崔小天又问道：

“可我又该如何进行投资呢？现在的存款利率都已经从12%跌到了8%，股票的风险又比较高，储蓄虽能够保证本金安全，可收益太少，我真不知道该用哪种方式来投资资产。”

马修教授喝了一口咖啡，抬起手腕看了一眼手表，不知不觉已过了1个小时，但马修教授并不在意，继续给崔小天解释：

“在做出投资资产的决定后，接下来必然会为采用何种方式投资而苦恼，是应该选择能够保障本金安全的储蓄，还是选择虽然不能保障本金安全，但却能带来较高收益的股票和基金。我先给你举个例子吧，假设你手中有5万元，如果将这笔钱以能保证税后年收益率达到5%的定期储蓄形式存起来，30年后储蓄总额为21.5万元，这种投资方式不可能会带来多大的收益。我们再换一种方式，将这

5万元分成1.5万、1.5万和2万三大块，进行分散投资，假设第一个1.5万由于股票投资失败，连本也赔进去，第二个1.5万在股市中只获得1%的年收益率，最后的2万取得了12%的年收益率，那么在30年后你手中最终还剩多少钱？”

“这个吗？”

崔小天考虑到本金已经损失1.5万，另外1.5万仅有1%的年收益率，因此他觉得这么下来必然会损失惨重。

“不可思议的是，你手上竟然还有62万元，第一份投资因为失败而分文不剩，第二份投资仅取得1%的年收益率，但由于最后2万元的投资产生了12%的年收益率，这就比5万元以固定的5%年收益率所进行的投资多出了40.5万元。”

崔小天惊呆了，他本以为会赔得一塌糊涂，没想到却竟然还多出405000元，这让他一时合不拢嘴。

“所以趁自己还年轻，就必须对股市等具有波动性的投资产品保持一定的关注，太过保险的金融产品虽然暂时能给你一种安全感，但经过很长一段时间，由于其较低的收益率明显低于物价上涨率，反而会出现资产亏损钱不值钱的危险。”

马修教授看着吃惊的崔小天，告诉他说更为吃惊的还在后面。

“另外，为了投资资产，你还有必要学会控制风险，对股市给予足够的关注。如果银行储蓄的税后利率为3.5%，3年间的收益率不过才10.5%，但如果我们选择投资基金，只要保证收益率能在3年时间内超过10.5%，那么它就应该是比储蓄更好的投资手段。从历史发展来看，处在成长期的股市年平均收益率超过10%，好了，相信现在你心里已经有了答案，只要你带着对股票市场的信心来进行投资，你的投资资产就会慢慢地累积起来。”

“但是如果到时候又遭遇类似亚洲金融危机的冲击，该怎么办？”

当时有太多的人因为炒股而倾家荡产，在这之后股市一直飘摇不定，崔小天周围就有不少人尝到了股市暴跌的苦头。

马修教授承认当时韩国整个股市近80%的股票都在暴跌，但最后经济还是复苏了，美国在上世纪三十年代也遭遇了经济危机，86%的股票暴跌，失业率接近30%，但美国经济照样也挺过来了。

“最终资本市场还是要继续成长，所以从长远来看无须为此担心，人们总有一个习惯，那就是记不住自己是如何克服危机的，而对于一些负面的东西却记得很清楚，我所说的这些内容你都可以从现实中找到相应的例子来证明。”

“那么当股市暴跌至谷底时，一下子将钱全部投进去不就能获得最高的收益吗？”

“哈哈，理论上讲一点也没错，但从历史来看，很多时候股市的长期收益率就取决于几天的变化，换句话说，如果抓住了这仅仅几天的机会，便能获得可观的收益，但如果错过了，长期收益率中的很大一部分便会失去，但是在现实生活中谁能准确预测出这几天？没人会知道哪天股价会大跌，如果只为等着这个时机入市，投资根本无法进行下去，持续不断地注入资金才是根本中的根本。人生也好，投资也罢，都十分讲究持续性和耐性。”

持续性和耐性，平时经常听到的两个词，今天从马修教授的口中说出，却有一种别样的感觉，自己之前的失败不正与这两个词密切相关吗？崔小天觉得自己花了这么多的费用和精力才领悟到这个道理，嘴角泛起一丝苦笑。

“耐性的确是我最应该具备的一个品质，我在买卖海星生物这只股票时就深切感受到它的重要性。”

“说得好，虽然最初撑得有些辛苦，但是我不能放弃，要一直坚持到最后，对于不太会挑选股票的个人投资者来说，可以选择有专家打理的基金或是能跟踪市场收益率的指数基金，通过它们就能很轻松地追逐到股票市场的收益率。”

听完马修教授的话，崔小天不再畏惧投资股市了，之前的自己只是忽视了最基本的投资原则，被股市光鲜亮丽的表象所迷惑，从而付出惨痛的代价。

此时崔小天的手机响了，他接通电话简单说了几句，随后向马修教授表示歉意。

“教授，对不起，我是临时出来的，现在公司有事找我，我还让您特意跑一趟，真不好意思。”

“哈哈，没关系，我也是顺路过来的，占用了你这么长的工作时间。”

“哪里哪里，教授您传授给我这么重要的东西，我理当亲自登门拜访。”

两人从座位上站起，走出咖啡厅。

“教授，非常感谢您抽出这么宝贵的时间。”

“噢，对了，咱俩可能暂时见不着面了，我要去日本呆几个月，商讨在那边成立分公司的事情。”

“……”

崔小天感到很不舍，但一时又不知说什么。

“最后我还想嘱咐你一句话。”

“您说。”

“人们都想像兔子跑一样赚快钱，但无论是回顾历史，还是看看周围的人，将辛苦挣到的钱慢慢进行投资的乌龟赢得了最后的胜利。我见过很多投资失败的人，据我对他们的观察，大部分人都是拿着经不起推敲的短期投资计划就进行孤注一掷的投资，相反，大部分投资成功的人都有着长期的投资计划，进行着长线投资，所以说，你的投资计划至少也要定在5年以上。”

为了未来，牢牢抓住现在

灵堂外面有几位男士聚在一起抽烟，整晚都在接待吊唁者的几位女士靠在椅背上临时打个盹，耳边传来的哭泣声提醒现在已是第二天凌晨时分，崔小天仰望着东方渐白的天空，回想起昨晚发生的事。

在紧缩财政的背景下公司出台了一系列业务重组的方案，崔小天正为此事忙得不可开交，这时手机铃响了，是陶志海打来的。

“哥哥……嘉成兄他……”

担心的事最终还是发生了，自从上次看到宋嘉成形容枯槁的样子，心里始终惦记着他的病情。崔小天将手机滑盖向下一滑，叹了口气，他知道比起肺癌晚期给宋嘉成身体上带来的痛苦，对家人的内疚让宋嘉成更为难受，一想到这里，崔小天的心里就在隐隐作痛。

赶到灵堂后才发现这里要比想象的冷清，因为平时宋嘉成是个性情豪爽的人。

“小天兄！在这里。”

陶志海看见了崔小天，赶忙挥手示意。

“哦，是你啊，其他人呢？对了，我先把礼金交上……”

崔小天来到入口的桌子前交了自己的礼金，走进灵堂后先是吊唁逝者，然后向家属行礼，说了一些安慰话，宋嘉成的妻子表情呆滞，两个孩子还是很难接受父亲已经去世的事实，耷拉着脑袋。

“哟，你来了！今天不回去了吧？来这边吃点东西！”

已经到了的罗富东看起来有些醉意，吴俊飞和陶志海两人在一旁默默地喝着酒，仔细一算，这四人已经好长时间没有聚了，平时大家都各忙各的，连踏实下来吃顿饭的时间都没有。

“快来快来，这边坐。”

吴俊飞无力地朝崔小天笑了笑，继续喝着杯中酒，吴俊飞独自一人生活已经一年多了，整个人看起来格外消瘦。

“最近过得怎么样，虽说咱俩在一家公司，平时却没什么机会见面……”

崔小天观察着吴俊飞的面部表情，小心翼翼地问道。

“我？还不是住在小房间里天天攒钱呗。”

吴俊飞简单的一句回答让崔小天更为担心。

“喂，你不要用那种担心的眼神看我，这两年我的工资也涨了1万元，现在已经能租一套一居室的房子了，等再过三年，有能力租三居室的房子后，我就把家人接过来，哎，我真后悔当初怎么不早点攒钱。”

听到吴俊飞的情况逐渐好转，崔小天放下心来，此前他一直很担心独自一人生活的吴俊飞。

“是么，看你挣到了钱，我也就放心了，你应该好好打听一下，要把钱存在利率更高的地方。多吃点菜吧，咦，你怎么不吃呢？”

崔小天把菜推到吴俊飞的面前，劝他多吃点。

“唉，外面饭菜的味道真不行，对了，你怎么样了？我看你最近好像不开车上班了……”

“哦，我还没跟你说过，我把之前住的房子卖了，重新换了一套能负担的房子，之前的那套房子从银行贷款太多，光利息就吃不消，我把贷款都还完后就用剩下的钱租了一套小一点的房子，我爱人非得让我坐地铁上下班。”

“是么？像你这样的人是最讨厌坐地铁的啊，你是怎么适应的？”

“哪里能适应？到现在还是感觉在地狱里煎熬，可是虽然身体难受一些，心里却感觉在天堂一般，因为我每个月都能节省出5000

元用于投资。”

“看来大家都过得挺好嘛，真替你们感到高兴啊！”

崔小天和吴俊飞一边喝一边聊着，这时一旁的罗富东插了一句，虽然是笑着说的，可他的表情却很郁闷。

“哥哥最近过得怎么样啊？”

崔小天这才想起自己还没和罗富东打招呼呢，赶紧给他斟酒以示歉意。

“我？呵呵，我过得挺好的，这个世界还能有什么？只要我和家人身体健康不就行了吗？”

放下酒杯后，罗富东又说了起来：

“我真的很羡慕你们这些年轻人，要是我能和你们一样，重新回到30多岁，我肯定会为了晚年生活把钱省下来，你们看到了宋嘉成的情况，觉得必须买份医疗保险，同样你们在看了我的情况后，也得为晚年生活积攒资金啊！我现在对于‘人生前辈’这句话有了重新的认识，所谓的人生前辈走了这么多弯路，犯下那么多错误，其目的就是要让你们这些后辈免费学到他们的经验教训啊。”

罗富东还要往酒杯里倒酒，一旁的陶志海一把夺过了酒杯。

“哥哥，您喝太多了，别再喝了。”

“好吧，不喝了，不管钱挣多挣少，至少现在我还是一家之长，喝太多了也不像话。”

“哥哥，这么说您又上班了……”

崔小天见罗富东似乎挺高兴就来了这么一句，可坐在一旁的吴俊飞掐了一下他的大腿，冲他直使眼色。

“哈哈，没关系，我这把年纪还去小区当门卫当然不是什么自豪的事，可又有什么办法呢，现实所迫啊。”

罗富东离职后有很长一段时间天天喝酒，用自己的退休金缴完孩子们剩余学费后，剩下的钱才相当于两三个月的生活费，后来实在没办法，妻子开始去餐厅工作，罗富东也开始找工作，本来他以为等孩子们都进大学后情况会好些，但事与愿违，为了筹集学费他是苦不堪言，虽然这比之前课外教育的费用要低，但是对于目前的他来说，也是一笔不小的负担。

“哥哥，不喝酒就多吃点菜吧，要是失去了健康就等于失去了一切。”

崔小天端来热腾腾的汤和米饭，放在罗富东的面前。

“好的，谢谢，咱们几个有缘能在一起我真是高兴啊，对了，志海啊，听说你近来是短线高手？”

陶志海尴尬地一笑，将酒杯往前一举。

“自从上次受了打击后，直到现在才缓过劲来，现在只要别人说我是短线高手我就气不打一处来。”

陶志海的话惹得众人哄堂大笑，大家都举起酒杯一饮而尽，之后大家又举起酒杯祝已离开人世的宋嘉成一路走好，不知不觉已经酒过三巡，大家都有些醉意，由于已经做好了守灵的准备，每人便各自找个地方躺了下去。

已破晓的天空越发明亮起来，又是新的一天。崔小天突然想起来一句话——Carpe Diem，每当滑行在水面上时，会员们都会高喊这句话，这句话是“享受现在”的意思，但是从拉丁语的字面意思来理解，翻译成“抓住现在”更为准确，抓住现在的每一瞬间就不单单指的是及时行乐，还意味着要为了未来而牢牢地抓住“现在”。

看着初升的太阳，崔小天强烈地感觉到一切都还为时未晚，在这个秋高气爽的日子里，崔小天的内心充满了对未来生活的憧憬，坚信自己今后迈出的每一步都将十分地扎实。

从"月光族"到"理财达人"，我的成功秘诀

星期一早晨，崔小天为了抽出时间和家人一起度假，他再次确认了一下日程表，正好2月的第一周没有什么急事，1月末只要完成新一年的年度策划案和业务计划后，就能抽出两天的时间去休假了。

上午递交了休假申请，工作结束后与同事们一起吃了午饭，之后便是休息室里的喝咖啡时间，郑主任提起了休假的事情，带着羡慕的口吻问道：

"崔总监，听说您全家要去日本旅行啊？女儿的考试也考得不错吧？"

"考得好像还可以，但还得等结果，俊理的大学考试也考完了，智恩的任职考试也结束了，所以这次就带他们出去散散心。"

“崔总监都没怎么费心，孩子们的学习还这么好，真让人嫉妒！”

同部门的崔主任羡慕地说道。

“何止孩子们学习好，你知道崔总监攒了多少钱么？”

在一旁喝着咖啡的成总监接过了话茬，他和崔小天同时进入公司，同时进入公司的那批人中，很多人因为没有晋升或个人原因离开了公司，没几个人坚持到现在，成总监算是其中一个，可以看出在竞争激烈的社会中生存下来的难度不亚于在原始森林里的求生难度。

“崔总监，您怎么在子女教育、工作，甚至资产增值上都做得这么出色呢？有没有什么秘诀？”

新进职员美永想知道自己该怎么做才能达到崔小天的水平，在公司里被称为“理财达人”的崔小天平时是年轻人羡慕的对象，因此每到公司聚餐和喝咖啡休息时，很多员工就追问他理财的成功秘诀。

“也没什么，不就是认真过好每一天呗。”

“这么说也太简单了，快点告诉我们秘诀吧，总监！”

这时黄主任走进休息室，粗暴地将一次性纸杯扔进废纸桶，大家停住不说都看着他。

“怎么回事？上司就坐在这里，怎么可以随便乱扔东西？”

郑主任叱责黄主任不懂礼貌，黄主任这才注意到郑主任和崔小天，赶忙低下头。

“对不起，我……我因为股票……”

黄主任将前段时间到手的业绩提成和银行贷款都拿去炒股，结果损失惨重，但他不认为是自己的责任，将责任全推在了证券经理人和介绍这只股票的前辈头上，所以刚才情绪有些失控。

崔小天突然想起陶志海和自己年轻时的样子，那个时候自己也每天进行着短线操作，眼睛时刻不离股市的各种图表，可到头来还是竹篮打水一场空，于是便开始怨恨周围的一切。崔小天让郑主任不要再责骂黄主任了，随后安慰了他几句。气氛逐渐缓和后，一旁的郑主任由于非常想知道崔小天有什么理财秘诀，便又重提刚才的话题，看到气氛有些沉闷，崔小天笑着说道：

“事实上一开始我也不是你们想象的那样一帆风顺，哎呀，午休时间过了，我们回办公室吧。”

“总监，您到底打算什么时候再说啊！”

“是啊，崔总监，你就给这些年轻人提提建议吧，你之前的建议给了我很大帮助，要不这样吧，下周的研讨会上你就给大家上堂课怎么样？反正那是两个小时的自由演讲时间，我还琢磨着该讨论哪些话题呢。”

“上课？哎呀，我像是能上课的样子吗，要是真有这本事我早辞职不干了。”

看着站起身的崔小天，职员们央求他一定要在研讨会上做一次讲演，成总监由于突然给自己所负责的研讨会工作找到了内容，也显得比较积极。

“好了，好了，那我就试试吧。3点钟你们把需要批复的文件准备好，我先出去了。”

崔小天只好答应下来，朝自己的办公室走去。

江面上覆盖着一层薄冰，现在仍是隆冬季节，江边刮起了刺骨的寒风。研讨会的内容是讨论确定新一年的工作计划以及团队合作分工问题，同时还要对新进员工进行入职培训。它不同于以放松为主的郊游，气氛比较严肃，公司职员们对于大部分的日程安排都投入了很高的热情，随着时间的推移，研讨会的气氛越来越热烈。

一天的日程结束后，职员们吃完晚饭便三三两两地分散到各个会议室，晚上还准备了多个主题的课程，自我潜能开发、休闲娱乐、冥想、瑜伽等等，职员可以根据自己的兴趣选择不同的课程，其中崔小天负责的是理财课程。

“竟然要演讲……这是不是有点过了？”

崔小天有点紧张，进入会场后意外地发现竟来了很多职员，虽然坐在最后一排的成总监朝他竖起了大拇指，崔小天的心还是提到了嗓子眼。

“大家好，我叫崔小天，没想到今天来了这么多人啊，在正式开始演讲之前我想先说一句，我现在之所以能坐在这里多亏了马修教授，是他告诉我正确的金钱观，指引我走上一条正确的理财之路，就像过去圣贤们所说，好的东西要大家一同分享，非常感谢大家今天给了我这么一个机会，我也希望今后能与大家彼此分享和交流经验。下面我就正式开始此次演讲，不足之处，还请大家指正。”

一段简短的开场白和掌声过后，演讲正式开始了，崔小天将做好的幻灯片通过投影仪投射在幕布上。

- 改变之前对金钱的观念。
- 当经济遇到困难时，要将所有责任扛在自己肩上。
- 生活中绝对不能让自己成为金钱的奴隶，而是要成为金钱的主人。
- 任何只停留在思想中的决定是没有任何意义的。
- 首要的目标是还清债务。
- 用预算来严格控制支出。
- 运用70：30的法则。
- 调整家庭资产结构，确保收入增多。
- 理财要有目标的指引。
- 必须把握资产投资范式的变化。
- 投资要有长远目光。

- 慎重选择金融产品。
- 不要把未来想象得过于乐观。
- 退休生活应对最大的敌人是延误时机。
- 安全的投资产品不等于有保障的未来。
- 必须抛弃对房地产和子女教育的执着。
- 准备好三大资产。
- 无论是人生还是投资，最终还是乌龟超过了兔子。

“现在画面中出现的清单是我一直以来恪守的原则，我十分肯定地说，只要能做到以上各条，不仅理财会取得成功，你和你的家人也会拥有一个更为充实的人生。”

崔小天说到这停住了，会场上所有人都看着他，其中也有一些人刚听到开头，便歪着脖子露出不屑的神情。这让崔小天想起了自己和马修教授的首次见面，当时自己也一时难以接受，现在想起来都觉得好笑，然而世事变化无常，自己曾经接受了马修教授的教诲，并将它运用到实践中，而如今自己又在向年轻人传授这些意义深远的生活智慧，这不得不让崔小天感慨万千。

崔小天做了一下深呼吸，开始逐条地进行说明，他希望更多人能像自己一样，认清现在，为未来的生活做好准备。